龙门山中段清平飞来峰特征及动力学模式

韩建辉　王道永　邓　宾　著

科学出版社

北京

内 容 简 介

本书从龙门山中段清平飞来峰的组成和结构的详细解剖入手，厘定该区飞来峰构造，按照飞来峰几何特征、物质组成、变形特征以及运动学、动力学规律，进一步将清平飞来峰划分为五层，是目前发现的龙门山飞来峰带中层数最多的飞来峰。该飞来峰具有明显的叠覆式飞来峰特征，其内部峰体成因复杂，运动学、动力学机制多样，既有推覆体也有滑覆体。进而在清平飞来峰研究基础上论述龙门山中段一系列飞来峰构造的特征及形成运动学、动力学模式。

本书适合从事构造地质、盆地分析的科研人员以及石油、地质院校相关专业的师生阅读参考。

图书在版编目(CIP)数据

龙门山中段清平飞来峰特征及动力学模式 / 韩建辉，王道永，邓宾著. — 北京：科学出版社，2016.8
　ISBN 978-7-03-049574-7

Ⅰ.①龙…　Ⅱ.①韩…　②王…　③邓…　Ⅲ.①龙门山-飞来峰-动力学　Ⅳ.①P542

中国版本图书馆 CIP 数据核字（2016）第 191777 号

责任编辑：杨　岭　黄　桥 / 责任校对：韩雨舟
责任印制：余少力 / 封面设计：墨创文化

科 学 出 版 社 出版

北京东黄城根北街16号
邮政编码：100717
http://www.sciencep.com

成都锦瑞印刷有限责任公司印刷

科学出版社发行　各地新华书店经销

*

2016 年 8 月第　一　版　开本：B5（720×1000）
2016 年 8 月第一次印刷　印张：8
字数：180 千字

定价：59.00 元

前　言

近几十年来，地质学家对龙门山逆冲推覆构造带进行了深入的研究，这些研究加深了相关理论认识，指导了龙门山及川西前陆盆地的油气勘探。其中关于龙门山具有典型特色的飞来峰带的研究一直是个热点。

本书通过详细的野外地质调查和室内综合分析，对龙门山中段清平地质构造特征、成因机制及演化等进行深入研究，厘定该区飞来峰构造，研究飞来峰构造性质，按照飞来峰几何特征、物质组成、变形特征以及运动学、动力学规律，进一步将清平飞来峰划分为五层，是目前发现的龙门山飞来峰带中层数最多的飞来峰。

在此基础上对比研究飞来峰地质特征以及分布规律，对飞来峰进行类型划分。结果表明清平飞来峰具有明显的叠覆式飞来峰特征，其内部峰体成因复杂，既有推覆体也有滑覆体。Ⅰ层和Ⅱ层飞来峰属于推覆成因，Ⅲ～Ⅴ层飞来峰是滑覆形成的。这种推覆体与滑覆体同时出现在同一飞来峰中，为龙门山仅见，并且印证了龙门山飞来峰先推覆后滑覆的观点。

清平飞来峰的滑覆具有典型特征，从构造变形强度来看，具有上覆飞来峰变形弱，下层飞来峰变形强烈的特征。显示每次上覆飞来峰就位对前期已就位飞来峰的改造叠加。早期形成的飞来峰构造反复叠加，变形相对强烈。后形成的飞来峰构造叠加少，变形相对较弱。

结合龙门山飞来峰带的根带讨论以及对清平飞来峰的地质认识，本书认为清平飞来峰来源于后龙门山推覆体。Ⅰ、Ⅱ层推覆体形成于印支期。燕山－喜马拉雅期后龙门山构造带的隆升以及映秀断裂的再次活动造成了上述推覆体后缘上拱遭受剥蚀或者被映秀断裂切割，与母体分离形成推来峰。形成Ⅲ、Ⅳ、Ⅴ层飞来峰的滑覆形成于喜马拉雅期的早更新世。

在对清平飞来峰研究的基础上，本书综合分析龙门山飞来峰群（带）的构造背景及特征，指出龙门山各段的飞来峰成因差异，反映了龙门山各段推覆－滑覆构造的动力学机制差异。

本书对完善飞来峰构造研究，深入龙门山构造地质特征，形成机制研究都有重要的理论意义。

本书受以下项目资助：①国家自然科学基金项目"青藏高原东缘晚中－新生代龙门山前陆盆地结构－建造特征研究"（编号：41572111）；②高等学校博士学

科点专项科研基金项目"利用正铕(Eu)异常重建晚新生代南海西北部物源转换的时间序列"(编号：20125122120022)。

由于我们学术水平和研究能力有限，书中可能存在谬误，恳请各位专家批评指正。

目　　录

第1章 绪 论

1.1 选题依据

对龙门山的飞来峰，地质学家们做了大量的工作，先后发表了许多文章。从目前看，研究的重点主要集中在龙门山中段的彭灌飞来峰群、南段的金台山飞来峰、白石—苟家飞来峰和北段的唐王寨飞来峰，而对中北段清平飞来峰的研究则相对较少。而且已有的研究一直以来也都存在争议：有人认为它是一个大型飞来峰构造（四川省区域地质图）；也有人将其视为几个推覆体的叠合（1∶20万绵阳幅；1∶5万绵竹幅、清平幅、安县幅）。由于该区构造复杂，加之多年来在本区针对构造进行的专题研究工作较少，对其了解仍然不够：它到底属于什么构造性质、其本身有什么地质特征、它与潜伏岩层的关系如何、与邻区唐王寨飞来峰的关系如何、它是如何形成演化的等等。因此，有必要对其地质特征、形成演化等展开进一步研究工作。

龙门山的飞来峰带分布于前龙门山构造带，映秀—北川断裂带与彭灌断裂带之间的狭长地带。按照变形特征和形成时间上的差异，可将前龙门山构造带进一步划分出两个亚带：即推覆-滑覆构造叠置亚带和滑脱冲断构造亚带。最具特征的构造是其具有构造上的"双重结构"，即推覆-滑覆构造叠置亚带叠置于滑脱冲断构造亚带之上，形成飞来峰构造。下伏的滑脱冲断构造亚带主要由三叠纪须家河组构成一系列大小不等的逆冲断片，其上叠置由古生代和少数下中三叠统地层推覆和滑覆作用形成的飞来峰构造。因此，对龙门山飞来峰的研究都不是孤立的，而是龙门山构造带研究的一部分，对清平飞来峰的研究有助于龙门山中北段构造特征及其演化的研究，并且有助于川西前陆盆地的油气勘探。

目前，对龙门山飞来峰的由来各家看法不一，有赞成推覆说的（许志琴等，1992；龙年和陶晓风，2012），也有认为滑覆成因的（吴山等，1991，1999，2008），另外有部分学者认为既有推覆也有滑覆（石绍清，1994），也有学者认为冰川成因的（韩同林等，1999；周自隆，2001，2006）。在这种情况下强化对清平飞来峰的研究有利于深入了解龙门山飞来峰的构造，深化飞来峰性质、成因等理论认识。从理论角度看，对于飞来峰的确认，虽然也有了明确的划分标准，但处理一些实际的情况，往往存在一定的困难；本书试图对飞来峰的确认进行探讨，进一步明确其评判标准；同时，结合龙门山飞来峰带的研究，对飞来峰的类型划分进行探索，有利于深入对飞来峰这一典型构造的研究。

1.2　研究现状和进展

1.2.1　关于飞来峰相关构造

　　19世纪中叶到20世纪初，由于北美阿巴拉契亚逆冲带、加拿大洛基山东缘的逆冲带、阿尔卑斯逆冲带等都发现了油气田，逆冲推覆构造带研究的重要性突显，与之相伴的飞来峰、构造窗等构造的研究也体现出重要意义。飞来峰往往与形成它的缓倾逆冲推覆构造、重力滑动或者重力扩展构造构成统一的薄皮构造。因此，国内外对飞来峰的研究往往是与这些相关构造一同进行的。

　　逆冲推覆构造早在19世纪80年代就已经得到了广泛认可。20世纪初，海默研究了推覆体的形成，提出倒转平卧褶皱下翼剪开的褶皱－推覆模式（Fold-nappe）。Ampferer和Sander(1920)提出冲断推覆模式（thrust-nappe）。关于推覆构造如何克服上下盘之间的摩擦力，Hubbert和Rubey(1959)等提出异常孔隙压力说，对解释推覆构造形成具有重大意义。20世纪70年代，地质学家在南阿巴拉契亚山区利用可控震源法进行了深部构造研究，发现了阿巴拉契亚主脉兰岭之下的一条巨大的近水平的逆冲拆离构造。1975年美国地质学家在落基山的逆冲断层带发现了派恩维尤（Pineview）油田，促发了对逆冲推覆构造研究的巨大兴趣。1979年4月在伦敦召开了"逆冲断层和推覆体"国际学术讨论会，1984年6月在法国图鲁兹又一次召开"逆冲作用和构造变形"研讨会，推动了逆冲推覆理构造的研究。

　　20世纪70年代中期以来，我国在宁镇山区等地相继重新开展了逆冲推覆构造的研究。马杏垣等对嵩山重力滑动构造及其伴生的逆冲断层的研究，大大启发和推动了我国地质界关于重力滑动、滑覆构造和推覆构造的研究。80年代以来，在国际上研究逆冲推覆构造热潮的影响下，全国各地质单位相继开展了相关研究。1983年在大同召开了以逆冲断层为主要内容的"全国断裂构造学术讨论会"，1985年10月在南京召开了"全国推覆构造及区域构造研讨会"，都在很大程度上推动了我国逆冲推覆构造的研究。

　　近年来，对逆冲推覆作用主要的进展有：①在构造样式描述方面，提出了断层三角带的识别、断层相关褶皱的分类、逆冲推覆带纵、横向分带特征描述。②在逆冲推覆构造带动力学研究方面，在早期的重力滑动、重力扩展、下冲模式、侧压模式、后推力模式、孔隙液压模式和板块边缘俯冲－碰撞机制的基础上，提出了陆内俯冲模式、深层热隆扩展说、递进变形等观点，总体上注重逆冲推覆带的形成过程研究和壳幔作用研究。近年来又在盆山耦合关系方面把造山带与盆地形成统一研究，取得了较深入的认识。③在研究方法和技术上，人工地震测深、重力、大地电磁、地热、地磁等深部地球物理资料的广泛应用、平衡构造横剖面和构造复原的普遍运用、流体研究、裂变径迹等方法技术的应用取得了进展。

关于重力构造的研究也有相当长的历史，Haarmann(1930)提出的颤动说和 Van Bemmelen(1931)的波动说代表了重力构造研究的飞跃。Lugeon 和 Gagnebin (1941)正式建立了重力滑动模式。二战后，加强了重力构造形成力学机制的研究，并对重力构造进行了必要的理论综合，提出了各种重力构造的分类方案。Bemmelen(1954)、Ramberg(1981)各自对重力构造进行划分。

近 30 年来，人们逐渐重视用重力或重力不稳的观点去思考问题，解释一部分缓倾斜断层以及褶皱带前陆地区构造的演化过程和形成机制。20 世纪 60 年代以来，不少支持板块学说的学者把重力构造或重力滑动构造置于全球或区域构造模式的特定位置上。在我国，马杏垣对嵩山重力滑动构造及其伴生的逆冲断层的研究，对我国相关研究有重大意义。

关于飞来峰，一般认为其与逆冲推覆构造有关，例如当逆冲推覆构造发育地区遭受强烈侵蚀切割，外来岩块被大片剥蚀，只在大片被剥露出来的原地岩块上残留小片孤零零的被断层圈闭的外来岩块，称为飞来峰(李忠权和刘顺，2010)；又如飞来峰是指逆掩断层面上的推覆体遭受强烈剥蚀后，局部残留于下降盘原地岩块上的残遗部分，常表现为被断层圈闭的时代较老岩块孤零地分布在时代较新的地层上(中国石油协会，1996)；Spencer(1981)将飞来峰定义为"上冲断块、推覆体或者平卧褶皱的侵蚀残山"；而 Diesel (1964)却认为赫尔维特推覆体和飞来峰群如今的位置是由于滑动作用形成的。因此，飞来峰不再狭义地定义为逆冲推覆作用形成的，而是包括推覆、滑覆和推覆与滑覆的相互作用以及演化所形成的，演化过程也较为复杂。

1.2.2 关于龙门山构造的研究

1. 关于龙门山构造带的研究

龙门山逆冲推覆构造带地处青藏高原东缘，四川盆地西缘。该逆冲推覆构造带全长约 500km，由三条具有强烈发震能力的主干断裂(汶川—茂县断裂、映秀—北川断裂和彭灌断裂)、山前隐伏断裂及相应的推覆体组成，总体呈 NE 向展布(任俊杰等，2012)。李智武等(2008)认为龙门山有四大主断裂带，除上述三条之外增加了一条广元—大邑—雅安这样一条隐伏断裂。近几十年来，对龙门山构造带的研究取得了丰硕的成果。

1)造山模式方面

罗志立等(1978~1995 年)长期致力于龙门山造山带的构造研究，提出了"C-型俯冲带"的模式和观点；郭正吾等(1996)指出四川盆地几个盆地阶段实质上是陆板块内地壳结构差异，在水平挤压应力作用与壳幔重力均衡调整交叉进行的时序反映，是压性盆地发展规律性结果；许志琴等(1992)提出了双向收缩造山的模式。林茂炳等(1997)认为龙门山造山带是陆内造山的典型例子，其动力机制与区域性板块构造密切相关的。蔡学林等(1996)提出楔入造山作用，讨论了龙门山造山带岩石圈楔状构造的几何结构样式，探讨了碰撞后的陆内造山过程、造山模式及其科学意义。

2)构造演化方面

谭锡斌(2013)指出龙门山造山活动并不是整体构造抬升，而是分了不同期次并且相同期次的活动剧烈程度也有一定的差异。陈社发等(1994)从变质作用、构造形变、花岗岩形成方面，讨论了龙门山构造变形的历史和影响因素；刘树根等(2001，2003)在盆-山耦合关系的研究，系统总结了龙门山造山带和川西前陆盆地印支期以来的7次构造事件的特征；许志琴(1992)、陈社发(1994)、张国伟等(2003)提出了龙门山造山作用与秦岭造山带和特提斯构造域演化关系的近似认识；王二七等(2001)、汤军等(2002)根据某些具体区块的研究，讨论了走滑作用在龙门山形成中的作用。

3)构造样式

四川石油管理局宋文海等(1987)通过对L55、L14地震剖面的解释，探讨了龙门山前山带的构造样式；林茂炳和吴山(1991)对龙门山的推覆构造变形特征进行了研究；林茂炳(1994)又讨论了龙门山基本构造样式，认为龙门山在构造类型上有褶皱推覆体和冲断推覆体之分，形成方式上有推覆和滑覆两类，形成次序上有前展式和后展式；刘和甫等(1994)对龙门山前缘构造样式与演化进行了研究。王绪本等(2009)、朱介寿(2008)通过对跨龙门山造山带的深部地壳测深资料、重磁资料、大地电磁测深资料、深部地震资料结合地震资料的综合解释，讨论了造山带和邻区地壳结构、造山作用的深、浅地质结构的关系。吴山(1999)在研究龙门山南段时指出龙门山具有后山褶皱推覆带以收缩变形方式推覆在前陆盆地准原地系统之上，而飞来峰则以扩展变形方式滑覆叠置于准原地系统之上等特征。

2. 关于龙门山飞来峰的研究

关于龙门山飞来峰，前人也已经做了大量工作，得到了许多认识：

1)关于成因机制

许志琴(1992)等认为是大型推覆构造作用形成的。石绍清(1994)研究认为彭县的飞来峰既有推覆体也有滑覆体。龙年等对宝珠寺地区的研究表明，该地区构造格局是印支运动—喜马拉雅运动的产物，具有典型的后展式逆冲推覆构造，区别于整个龙门山前展式推覆构造形成模式，为龙门山推覆构造提供了不同的地质证据(龙年和陶晓风，2012；龙年，2013)。韩同林等(1999)、周自隆(2001，2006)研究认为彭县葛仙山飞来峰等为巨型冰川漂砾。近年来地质工作者广泛接受了滑覆成因的观点，吴山等(1991，1999，2008)多次撰文论述了龙门山飞来峰的滑覆成因以及特征，这些论述极大地丰富了龙门山飞来峰的构造研究。韩建辉(2006，2008，2009)对龙门山飞来峰的群带特征进行了论述，认为龙门山飞来峰的形成中具有先推覆，后滑覆的演化特征。宋春彦等(2009)对飞来峰发育期次的研究显示飞来峰不可能是同时形成的，印支晚期、燕山期和喜马拉雅期都有可能，甚至可能跨越 2 个或 3 个构造阶段。

2)关于飞来峰根带

刘肇昌和代真勇(1986)提出龙门山飞来峰来源于映秀—北川断裂带，系断裂带挤出产物。吴山和林茂柄(1991)研究唐王寨飞来峰时认为该飞来峰来自映秀断裂以北的后龙门山构造带。林茂炳等(1996)依据彭灌杂岩之上可见零星飞来峰(李远图，1989)，从而提出龙门山飞来峰根带来自于彭灌杂岩之上。马永旺和刘顺(2003)则提出它们来自于映秀—北川断裂东侧地区。

3. 关于清平地区构造研究

清平地区的构造性质一直以来存在争议，有人认为其为一个大型飞来峰，也有人认为是推覆体的叠合，并以此观点对本区岩石地层、生物地层、化学地层、构造特征以及地质演化等等进行了研究。吴山等一批学者赞同其为飞来峰的观点，但是一直都没有人从飞来峰的观点对该区进行深入研究，笔者正是由此出发，对该区构造展开研究。

1.3　主要研究内容与思路

1.3.1　研究目标

本书拟通过资料综合分析、野外地质调查以及构造解析等工作，重新厘定研究区构造轮廓；研究清平飞来峰的地质构造特征及其演化规律。

1.3.2　研究内容

1. 研究区及区域岩石地层

研究区域岩石地层，分析其岩性及岩性组合、沉积特征、沉积环境和形成构造背景。在此基础上以便对组成飞来峰各个岩片以及原地系统地层进行对比，分析其关联。

2. 研究区构造研究

结合野外调查以及室内研究，对研究区各条断裂逐个分析：

(1)研究断裂构造展布、产状及其变形特征，厘定边界断裂和飞来峰构造，研究其几何结构、运动特征、变形性质等构造特征以及相互关系。

(2)研究飞来峰的形态特征及其与准原地系统的差异性，结合飞来峰定义以及清平飞来峰的特征对其进行厘定和确认。

(3)对比清平飞来峰与唐王寨飞来峰的异同点，进一步确认清平飞来峰的性质。初步认识其总体特征。

(4)在前面研究的基础上对飞来峰进行划分，按照其多层楼的格局划分每层飞来峰的范围，研究其形态、分布、变形特征。

(5)研究飞来峰内部变形特征和性质；分析断裂褶皱关系，研究组合特征和形成力学机制。

(6)对每层飞来峰内部构造进行详细研究，重点研究其运动学和动力学特征，分析其成因，划分其成因类型。

(7)对各层飞来峰进行对比研究，重点研究各飞来峰体之间的构造特征差异，峰体间的构造规律性，分析本区构造演化的规律。

(8)结合龙门山飞来峰带的特征，对比研究清平飞来峰与龙门山其他飞来峰的异同点以及其内在联系；研究清平飞来峰内在的典型特征。

(9)结合区域资料，研究龙门山飞来峰带以及清平飞来峰的形成及演化过程。

3. 构造演化史研究

根据以上研究，反演本区构造发展过程。结合龙门山飞来峰带的特征，研究清平飞来峰的形成和发展历程。

1.3.3 拟解决的关键性问题

(1)龙门山清平飞来峰的厘定及成因分类。

(2)清平飞来峰的地质特征及规律。

(3)清平飞来峰的根带及形成演化。

(4)清平飞来峰与龙门山飞来峰带的关系。

1.3.4　研究方法及技术路线

根据研究区的实际情况，本书采取了以下研究方法及技术路线：

(1)根据岩石地层研究，结合断裂等构造特征划分地质构造体。

(2)通过野外地质调查绘制构造地质剖面，研究本区地质格架，结合(1)中的研究确定边界断裂，勾勒地质构造轮廓。

(3)结合测年以及断层交切关系研究各个断裂发育期次以及先后顺序。

(4)结合各个岩片内构造地质特征及岩片组合特征，研究各个岩片构造成因类型。

(5)结合野外观察、构造剖面以及室内样品测试，研究飞来峰各个岩片的构造属性。

(6)根据以上研究分析清平飞来峰的根带、形成及演化。

(7)结合龙门山飞来峰带其他飞来峰特征进行综合研究，分析清平飞来峰与龙门山飞来峰带的关系。

1.4　主要难点及创新点

1. 难点

(1)本区构造复杂。①本区断裂发育，形状、延伸方向、倾向、长度各不相同；②本区褶皱丰富多样，既有断层相关的断弯褶皱，也有经由后期改造的早期褶皱；既有紧闭褶皱，也有宽缓的褶皱；③各个地质体关系复杂，断层交切关系不很清楚，需做大量工作重新理清。

(2)多期构造活动，力学性质不同，成因关系复杂。

(3)前期专题工作较少，研究程度低。

2. 创新点

通过研究，本书在以下几方面取得了一定的进展：

1)理论方面

(1)对飞来峰的定义进行了汇总分析，认为飞来峰是指与周围下伏岩系在物质组成和构造等地质特征方面都不相同，并且在建造和成因上也完全无关的孤立岩块。这种定义更加严密和更具有可操作性。

(2)在前人研究的基础上，对飞来峰的分类进行了探讨，按结构将飞来峰划分为单层飞来峰和叠覆式飞来峰，按照成因划分为推来峰和滑来峰。并且按照构造变形特征将滑来峰划分为滑块式和滑褶式。

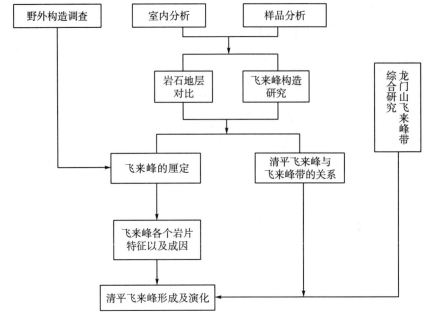

图 1-1　研究技术路线

2)结合本区实际

(1)第一次按照飞来峰构造研究思路详细厘定研究区构造。

(2)首次将研究区厘定为飞来峰构造,并划分为五层飞来峰,并且理清清平飞来峰和唐王寨飞来峰的关系。

(3)研究了各个飞来峰之间的特征,总结清平飞来峰地质特征规律。

(4)研究了飞来峰成因类型,确定清平飞来峰是典型的推覆＋滑覆结合的叠覆式飞来峰。

(5)对龙门山飞来峰带特征进行了总结,并结合龙门山飞来峰带的特征对清平飞来峰进行了研究。

(6)结合龙门山飞来峰带的形成和演化对清平飞来峰的演化进行了研究,提出了清平飞来峰的推覆和滑覆发育模式。

1.5　研究意义

本书的研究具有重要的理论和实践意义。

1. 理论意义

本书对飞来峰相关理论进行了探讨,提出较为合理的飞来峰类型划分,具有一定的理论意义。同时,本书对龙门山构造带地质特征、形成机制研究都有重要意义。对龙门山飞来峰特征以及形成演化也有重要的参考价值。

2. 实践意义

根据清平飞来峰结构,推测下伏原地岩系应为上三叠统须家河组,是川西前陆盆地的主要生油岩和储集岩。本书的研究有利于确定须家河组的特征及展布,对于扩展川西油气勘探新领域具有重要的指导意义。

第 2 章　飞来峰发育的区域地质背景

2.1　大地构造部位

　　龙门山北起广元、白水地区，南达天全、泸定一带，呈北东—南西向延伸约500km，宽约 30~50km。龙门山位于青藏高原的东缘，北东与昆仑—秦岭东西向构造带斜向相接，南西与康滇南北向构造带相连，西与松潘—甘孜褶皱带相伴，东以北川—映秀—小关子断裂带为界与四川盆地相邻(图 2-1)。

　　研究区域位于龙门山中段与北段接合部的前龙门山构造带，西北为后龙门山推覆带彭灌杂岩推覆体，东北与唐王寨飞来峰呈断层接触，南东临川西前陆盆地，西南与著名的彭灌飞来峰群遥遥相邻。

　　基于变形方式和变形特征的差异，龙门山构造带细分为若干个次级构造单元：

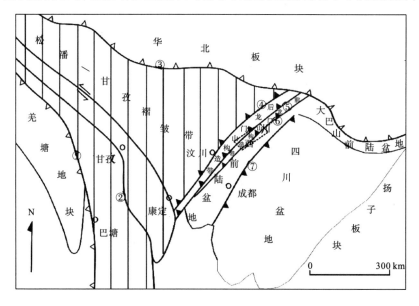

图 2-1　区域大地构造位置图

　　1. 蛇绿混杂带；2. 逆冲断裂带；3. 走滑断裂带；4. 四川盆地边界；5. 松潘—甘孜褶皱带。①金沙江蛇绿混杂岩带；②甘孜—理塘蛇绿混杂带；③阿尼玛卿蛇绿混杂岩带；④汶川—茂汶断裂带；⑤北川—映秀—小关子断裂带；⑥彭灌断裂带；⑦龙泉山西缘断裂带。图中封闭方框显示研究区位置

松潘—甘孜造山带

——跃坝—幺堂子—五龙—耿达—茂汶—青川断裂带——

后龙门山逆冲推覆带

——紫石—小关子—映秀—北川断裂带——

前龙门山构造带

——推覆—滑覆构造亚带

——滑脱冲断构造亚带

——青石—双石—彭灌断裂带——

川西前陆盆地

本书的研究区就位于前龙门山构造带，龙门山中、北段分界处。

2.2 岩石地层

研究区地层发育比较齐全，从基底元古界康定岩群、黄水河群，到盖层的新元古代震旦系至新生代第四纪地层均有出露。不同时代的地层出露、分布及组合均有一定的分带性规律。

根据本区及其邻区实际情况，按照四川省岩石地层清理成果，研究区震旦系—三叠系地层分布于九顶山小区和宝兴龙门山中段小区；三叠纪以后形成的地层出露在盆地小区内，大面积分布中新生代陆相含煤碎屑岩、红色碎屑岩建造及第四系(图2-2)；而映秀—北川断裂至彭灌断裂之间有大面积古生代海相地层以

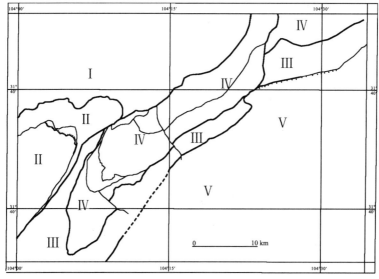

图2-2 研究区地层区划示意图(据1：5万清平幅，绵竹幅，安县幅，1：20万绵阳幅编制)

Ⅰ. 九顶山地层小区；Ⅱ. 宝兴小区；Ⅲ. 龙门山中段小区

Ⅳ. 异地飞来峰地层区；Ⅴ. 川西前陆盆地地层区

飞来峰的形式叠置在中新生界陆相地层系统之上，属外来系统，在建造特征和变形特征上又不能简单与映秀—北川断裂北西侧同时代地层相对比，因此单独划出。下面分区对研究区地层分别予以叙述(表 2-1)。

2.2.1　九顶山小区地层

该区位于四道沟断裂(九顶山断裂)以北的广大地区。出露地层从中元古界黄河水群—二叠系石关组。

1. 中元古界黄水河群(Pt_2H)

该套地层构成扬子陆块褶皱基底，呈捕虏体形式出露于大水闸花岗岩体内，主要为石英片岩、钠长石英片岩、红柱石角闪片麻岩、绿泥绿帘石片岩等。

2. 新元古界震旦系水晶组(Zs)

研究区震旦系地层仅出露水晶组(Zs)，出露在水磨沟、四道沟等地，面积约 $20km^2$。主要为灰色中厚层－块状微晶白云岩、灰质白云岩、白云质灰岩。

3. 早古生界寒武系

(1)邱家组($\text{\euro}q$)：出露于云峰山、金角银塘等地，与下伏水晶组整合接触。按岩性组合划分为三段：一段 ($\text{\euro}q^1$)：灰－灰黑色变质砂岩、炭硅质岩、千枚状板岩。二段($\text{\euro}q^2$)：磷硅质板岩、磷块岩、含磷炭硅质岩。三段($\text{\euro}q^3$)：炭硅质板岩，变质砂岩。

(2)油房组($\text{\euro}y$)：仅见于云峰山。变质复成分(含火山岩、花岗岩屑及砾石)含砾砂岩、粗－粉砂岩夹板岩。波状层理、交错层理发育，与下伏邱家河组整合接触。

4. 下古生界奥陶系宝塔组(Ob)

宝塔组是李四光等 1924 年创名于湖北秭归新滩龙马溪的"宝塔石灰岩"直接引申而来，这是我国唯一用化石形态特征命名的一个地层单位。由灰色中－厚层状灰岩组成，具"龟裂纹"构造或瘤状构造，富含头足类化石。改组出露于云峰山东侧，面积 $0.5km^2$，厚度 66～78m。主要岩性为龟裂纹灰岩、泥晶灰岩、瘤状灰岩。与下伏油房组整合接触。

表 2-1　研究区区域地层简表

年代地层			地层分区及岩石地层			
			扬子地层区			
			上扬子地层分区			
			九顶山小区	原地系统	异地系统	盆地
界	系	统	龙门山逆冲推覆构造带			川西前陆盆地
			后龙门山带	前龙门山带		
新生界	第四系		现代河床堆积、残坡积等(Q_4)			
	新近系					彭灌断裂
	古近系					
中生界	白垩系					七曲寺组(Kq)　剑阁组(Kjg)
						汉阳铺组(Kh)
						剑门关组(Kj)
						莲花口组(J_3l)
						遂宁组(J_3sn)
	侏罗系	上统				
		中统		沙溪庙组(J_2s)		沙溪庙组(J_2s)
				千佛岩组(J_2q)		千佛岩组(J_2q)
	三叠系	上统		须家河组(T_3x)		
				马鞍塘组(T_3m)		
				天井山组(T_3t)		
		中统		雷口坡组(T_2l)		
		下统		嘉陵江组(T_1j)		
				飞仙关组(T_1f)		
上古生界	二叠系	上统	石关组(P_2s)	吴家坪组(P_2w)		
				龙潭组(P_2lt)		
		下统	铜陵沟组(P_1t)	阳新组(P_1y)		
				梁山组(P_1l)		
	石炭系	下统	长岩窝组(C_1c)	总长沟组(C_1z)		
	泥盆系	上统	河心组($D_{2-3}h$)	沙窝子组(D_3s)		
		中统		观雾山组(D_2g)		
下古生界	志留系		茂县群(SM)			
	奥陶系	中统	宝塔组(O_3b)			
	寒武系	下统	油房组($€_1y$)	磨刀垭组($€_1m$)		
			邱家河组($€_1q$)	清平组($€_1qp$)		
新元古界	震旦系	上统	水晶组(Z_2s)	灯影组(Z_2d)		
				观音崖组(Z_2g)		
前震旦系			黄水河群(Pt_2H)			

（表中纵向注记：北川-映秀断裂）

5. 下古生界志留系茂县群（SM）

茂县群是谭锡畴、李春昱（1931）创名于茂县。主要为灰－深灰色绢云母千枚岩，千枚状板岩夹变质砂岩及结晶灰岩。与下伏宝塔组整合接触。九顶山小区内茂县群剖面厚 765.2～1882.8m。下部岩性为灰黑色、灰绿色绢云千枚岩、绢云石英千枚岩、钙质千枚岩夹灰色中－厚层条带状变质石英粉砂岩及少量薄层泥灰岩，中上部以浅灰色、灰白色中－厚层状细－微晶白云岩、灰岩与灰色千枚岩、粉砂质板岩不等厚韵律互层，夹少量浅黄色薄层状、不规则状硅质岩，顶部白云岩增多，并夹石膏层。

6. 上古生界泥盆系河心组（$D_{2-3}h$）

河心组是程裕祺、任泽雨（1942）于康定县金汤河心一带所定"河心石灰岩"演变而来。该组与下伏茂县群嵌合接触，界面清楚，有嵌入现象。按岩性组合划分为三段：一段（Dh^1）：石英岩，板岩夹薄层石英岩及结晶灰岩。二段（Dh^2）：中厚层－块状微晶灰岩、礁灰岩。三段（Dh^3）：浅灰白色中厚层－块状微晶白云岩，夹少量白云质灰岩。

7. 上古生界石炭系长岩窝组（C_1c）

长岩窝组系中国地科院川西队 1965 年创名于康定县金汤长岩窝，其含义同原长岩窝组＋"乱石窝组"中部（四川省地质局二区测队，1976）。主要出露于鱼箭坪—蚂蟥岭一带，与下伏河心组整合接触，界面较清楚。一段（Cc^1）为微晶灰岩夹变质粉砂岩薄层或条带；二段（Cc^2）为微晶灰岩、变质粉砂岩、板岩。

8. 上古生界二叠系

（1）铜陵沟组（Pt）：出露于麻柳坪东西两侧。与下伏长岩窝组整合接触，界面较清楚。一段（Pt^1）：微晶灰岩、板岩。二段（Pt^2）：微晶灰岩。三段（Pt^3）：结晶灰岩夹板岩。

（2）石关组（Ps）：出露于麻柳坪东西两侧，与下伏铜陵沟组嵌合接触界面清楚，有嵌入现象。一段（Ps^1）：含铁铝土岩、煤、板岩。二段（Ps^2）：微晶灰岩夹板岩。

9. 九顶山小区年代及生物地层

1）震旦系年代地层及微古生物

九顶山小区内震旦系化石稀少，除上震旦统含有相对较丰富的微古植物及藻类等化石外，下震旦统未见有生物的报道。虽然对下震旦统火山岩前人曾用 Ar-Ar、K-Ar、Rb-Sr 法获得过一些同位素年龄，但一直以来，人们对此均存争议。

因此本书在区域上并不局限于研究区,而是扩展到整个九顶山小区介绍该区同位素年代信息和微古生物。

同位素年代信息:盐井群在区域对比及时代划分上前人意见分歧较大,由于缺乏古生物及年龄证据,分歧尚无定论。在地层清理过程中,对正层型剖面上的黄店子组上部深灰色厚层粗面岩中采集了钾长石样品,中国科学院地质研究所以 ^{40}Ar-^{39}Ar 快中子活化法测定其年龄值,结果为:代表钾长石形成的一个坪年龄值 $tp_2 = 578.5 \pm 19.5Ma$,年龄谱最后一个阶段的视年龄值为 $633.1 \pm 14.5Ma$,反映后期变质热事件的一个坪年龄值 $tp_1 = 131.5 \pm 2.8Ma$。上述数据与中国地质年表对比,盐井群应归属震旦系已无大谬。经区域对比,盐井群的岩石组合特征与攀西地区的以火山岩及火山碎屑岩为主的苏雄组及开建桥组较为相似并可对比,故将其划属下震旦统是合理的,唯上述数据可能略显年轻。

微古生物:震旦纪微古生物主要为藻类,均分布于灯影组白云岩中,且形成葡萄状、花边状等沉积构造,岩性一般较为稳定。在区内保存的该组下部可以较为清楚地划分出贫藻和富藻的两个岩性段,这一特征与上扬子区该组总貌基本一致。在灯影组的富藻段中有大量以蓝藻为主的藻类化石,经成都理工大学(1993年)研究,建立了 *Renalcis-Tortofimbria* 组合带,主要分子较为丰富。此外,还有大量的核形石、叠层石及凝块石等藻类分布。就总体特征而言,与峨眉地区的灯影组富藻段的组合特征可以对比,且均是我国南方震旦纪中常见的微古化石组合,不少是震旦纪,甚至是晚震旦世才出现的新属新种,结合其层序特征,其时代归属晚震旦世已无问题。

但应提及的是:区域上灯影组大套白云岩顶部由于发现丰富的小壳类动物群(旧称"麦地坪组",现已废弃),其时代归属早寒武世,而图幅内及邻区均没有报道,这也是图幅内灯影组上部地层缺失的有力佐证。

2)奥陶系古生物

九顶山小区内奥陶系中发现的生物化石较少,原1:20万宝兴县幅在天全打字堂宝塔组灰岩中采获腕足类 *Orthiscallacfis* sp.,*Or. Orthambonites*,*Metorthis clelicata* 及头足类 *Vaginoceras Wahlenbergi* 等。主要依据区域地层对比和上下地层,将陈家坝组确定为下奥陶统,宝塔组为上奥陶统。

3)石炭系生物地层及年代地层

九顶山小区内长岩窝组呈东西向带状展布于康定县金汤野牛沟、公地沟至长岩窝一带,与下伏河心组大理岩断层接触,与上覆石喇嘛组整合接触,厚362m。剖面岩性为灰色、深灰色中厚层状灰岩、结晶灰岩夹生物碎屑灰岩及少量硅质岩薄层或团块。其灰岩层以呈较浅色调如灰白色、浅灰色等和具模糊的细条带状(可能是大理岩化不均一的结果)以及夹黑色及少量白色薄层或团块硅质岩组成,富含䗴类、珊瑚等化石。

据地层清理成果，长岩窝组下部化石以珊瑚为主，有少量腕足类，中部珊瑚和蜓类共生，上部以蜓类为主。其中下部珊瑚为我国南方下石炭统 *Yuanophyllum* 带中的常见分子。本组底部未发现早石炭世岩关期化石，结合与下伏河心组为平行不整合的事实考虑，下部很可能缺失岩关期沉积，故其时代下限为大塘期。本组中上部蜓类都是我国南方晚石炭世早期的主要分子，与黄龙组生物面貌大体一致。

2.2.2　异地飞来峰地层

位于北川—映秀断裂以南东，地层发育，从震旦系至上三叠统均有出露。

1. 新元古界震旦系

仅在歇马庙一带出露灯影组三段（Zd^3）：灰-浅灰色中厚层-块状微晶白云岩、灰质白云岩夹少量薄层微晶灰岩及绢云母板岩。

2. 早古生界寒武系

(1)清平组（ϵqp）：该地层在清平附近较发育。在歇马庙与下伏灯影组为整合接触，界面清楚。分为三段：一段（ϵqp^1）：下部为灰黑色薄-中层状含磷粉砂岩、白云质硅质岩组成旋回；上部为中-厚层状白云质硅质岩与硅质白云岩互层。二段（ϵqp^2）：灰黑色薄-厚层状白云质磷块岩、硅质磷块岩夹炭质页岩、油页岩、白云质灰岩及海绿石砂岩薄层。三段（ϵqp^3）：下部为灰-深灰色薄-中层状含磷泥质长石粉砂岩，粉砂质泥岩、页岩夹薄层灰岩，白云岩；上部灰-黄灰色中-厚层状钙质长石粉砂岩夹少量岩屑石英砂岩。

(2)磨刀垭组（ϵm）：在清平附近较发育。与下伏清平组整合接触，下部为灰色块状中-细粒砂岩与粉砂岩组成不等厚韵律。上部夹页岩，粒序层理发育。在文家沟一带底部见火山屑、花岗岩屑复成分砾岩和含砾砂岩。

3. 上古生界泥盆系

龙门山中段飞来峰的泥盆系地层出露广，主要见有观雾山组、沙窝子组地层分布。

(1)观雾山组（Dg）：朱森等1942年命名于江油市观雾山，原称"观雾山系"。岩性以灰、深灰色中-厚层状生物屑泥晶灰岩为主，夹珊瑚及层孔虫藻类生物礁灰岩及少量粉砂岩、泥灰岩及白云质灰岩的地层，时夹硅质结核及条带。该组地层主要出露于龙门山中段地区，从老鹰山到蚂蝗岭，鱼洞山、风洞沟、松树坪一带都有见到。与沙窝子组整合接触，有些地段超覆于清平组之上。一段（Dg^1）为灰色中-厚层状钙质石英砂岩、粉砂岩夹炭质页岩及灰岩。二段（Dg^2）

以灰-深灰色厚层状生物碎屑灰岩夹微晶灰岩、灰岩。下部夹珊瑚礁灰岩，中上部夹钙质页岩。下部以灰岩为主，岩性为深灰色中厚层微晶灰岩夹生物碎屑灰岩及层状生物灰岩，产有较丰富的珊瑚和腕足类化石；上部以白云岩为主，岩性主要为深灰色中厚层微细晶白云岩夹深灰色中厚层生物礁白云岩及灰、深灰色中层微晶灰岩和灰质白云岩。产有较丰富的珊瑚、层孔虫和少量腕足类生物化石。产珊瑚 *Microplasma simplex*，*Thamnopora* sp.，*Dendrostella trigemme* 等生物化石。基本层序仍为一套滨-浅海相沉积。

(2)沙窝子组(Ds)：朱森 1956 年命名于北川县桂溪乡沙窝子村，原称"沙窝子白云岩"。从二郎山—查郊山、顶子崖、鱼洞山一带均有出露。与下伏观雾山组为整合接触。该组下部岩性为深灰色中-厚层微-细晶灰质白云岩、藻纹层白云岩夹灰色厚含生物碎屑微晶灰岩夹钙质泥岩。上部为灰色中厚层石英砂岩、白云岩夹黄灰色泥岩、泥质粉砂岩夹灰色薄层泥质灰岩。

4. 上古生界石炭系总长沟组(Cz)

出露于研究区老鹰山—燕儿岩，干沟—二郎庙等地，在大柏岩附近有大面积出露。一段(Cz^1)为浅灰-黄灰色、肉红色薄层-块状泥晶灰岩、生物碎屑灰岩夹少量细晶白云岩及杂色粉砂岩条带，灰岩中鸟眼构造发育。底部为灰色砾岩。二段(Cz^2)为灰-灰白色薄-中层、块状泥晶灰岩、生物碎屑灰岩夹紫红色粉砂岩、泥质粉砂岩及粉砂质泥岩。

5. 上古生界二叠系

二叠系地层在研究区内广泛发育，包括吴家坪组、龙潭组、阳新组、梁山组等四套地层。

(1)梁山组(Pl)：在土桥—夜火崖—柏木沟、白云山、拐拐林、大柏岩一带都有出露，且呈带状分布，与下伏总长沟组平行不整合接触，界面清楚。岩性以灰黑色钙质页岩与深灰色薄层灰岩、生物碎屑类岩构成旋回。产丰富的腕足、苔鲜虫和海相介形虫等化石。

(2)阳新组(Py)：出露广泛，在老鹰山、天台山—大柏岩—鸳鸯池、拐拐林、鱼洞山以及狮子岩等地均有大范围分布。与下伏梁山组整合接触，界面有过渡。一段(Py^2)为灰-灰黑色厚层-块状泥晶灰岩夹生物碎屑灰岩。二段(Py^2)为灰-深灰色中-厚层状含燧石泥晶灰岩夹生物碎屑灰岩及钙质页岩。

(3)龙潭组(Plt)：出露地区基本同梁山组，呈狭窄的条带状分布。与下伏阳新组呈嵌合接触，界面清楚，有嵌入现象。其下部为砖红色块状含铁铝土岩；上部为黑色炭质或灰白色铝质页岩含煤层(线)，夹薄层灰岩。煤层极不稳定，厚度随页岩的厚度加大而增厚。

(4)吴家坪组(Pw)：出露于老鹰山、土桥—燕儿岩、黄天坪、拐拐林以及狮子岩一带。与下伏龙潭组整合接触。该套地层主要为灰−深灰色薄−中厚层状含燧石泥晶灰岩、生物碎屑灰岩夹少量钙质页岩，灰岩、页岩之比约为10~20：1。

6. 中生界三叠系

该区三叠系出露厚度较大，且完整分布也较广泛，龙门山中段均有分布。主要包括飞仙关组(Tf)和嘉陵江组(Tj)地层。

(1)飞仙关组(Tf)：该组出露于燕子窝、铜钱沟—茅草坪—洞子沟、瓢儿沟以及龙王庙一带，与下伏吴家坪组整合接触。按其岩性可分为 4 段：一段 (Tf^1)：浅灰−兰灰色薄−厚层块状泥晶灰岩。二段 (Tf^2)：紫红色、黄灰色粉砂岩、粉砂质泥岩夹少量介壳灰岩、淡红−浅灰色薄中−层状泥晶灰岩。三段 (Tf^3)：浅灰、淡红色中−厚层状鲕状灰岩、球粒灰岩夹少量粉砂质泥岩。四段 (Tf^4)：紫红色薄−中厚层状凝灰质粉砂岩、粉砂质泥岩夹少量薄层微晶灰岩、介壳灰岩。

宏观上该组以底部的兰灰色灰岩及化石层，中上部的淡红色鲕粒灰岩、介壳灰岩及紫红色砂岩、泥岩作为野外鉴别标志。

(2)嘉陵江组(Tj)：该组出露地区基本同飞仙关组且为整合接触，按岩性分为三段：一段 (Tj^1)：浅灰、暗紫红色薄−中层状泥质粉砂岩、粉砂质泥岩夹生物屑鲕状灰岩及黄灰色中−厚层状砂质砾状白云岩，微晶白云岩。二段 (Tj^2)：灰、黄灰色薄−厚层块状砂、泥质微晶白云岩夹灰色薄−中层泥质灰岩及紫红色粉沙岩、粉沙质泥岩。三段 (Tj^3)：为灰−灰白色针孔(晶孔)状白云岩、白云质灰岩夹角砾状灰岩及粉砂岩、粉砂质泥岩。

(3)雷口坡组(Tl)：出露较少，仅在老鸦山附近有所出露，面积约 $1km^2$，厚度约110m。按其岩性划分为三段：一段 (Tl^1)：浅灰、黄灰色角砾状薄−中层状白云岩、白云质灰岩。底部以黄灰、灰绿色角砾状水云母黏土岩为代表，该段又被称为"杂色段"。二段 (Tl^2)：浅灰，黄色厚层块状微晶白云岩，间夹少量兰灰色、灰绿色白云质泥岩。

2.2.3　原地(宝兴—龙门山中段)区分布地层

1. 新元古界震旦系

(1)观音崖组(Zg)：该地层零星出露于红石沟、玉麦棚一带，与下伏澄江期花岗岩沉积接触。灰−紫红色中厚层状含砾砂岩、变质石英砂岩、微晶白云岩，底部为花岗质砾岩。

(2)灯影组(Zd)：出露于大水闸花岗岩体周围，底界与观音崖组整合接触，顶界在龙门山中段小区内与清平组整合接触。与沙窝子组呈不整合接触。一段（Zd^1）：含藻白云岩、鲕状白云岩，中部产较稳定的磷矿层。二段（Zd^2）：泥灰岩、页岩、微晶白云岩、白云质灰岩。三段（Zd^3）：富藻白云岩、硅质岩。

2. 上古生界泥盆系

龙门山中中段的原地泥盆系地层出露较少，主要为沙窝子组（Ds）：主要出露在罗茨梁子—城墙岩一带，与下伏灯影组呈嵌合接触。深灰色灰质白云岩、磷矿层、灰色石英砂岩、白云岩、泥质粉砂岩。

3. 上古生界石炭系

该区石炭系地层有所出露，但出露的面积、厚度都不及龙门山中段飞来峰地区。主要为总长沟组（Cz），出露于罗茨梁子—城墙岩一带。一段（Cz^1）为浅灰－黄灰色泥晶灰岩夹少量粉砂岩条带。二段（Cz^2）为灰－灰白色泥晶灰岩、生物碎屑灰岩、粉砂岩、泥岩。

4. 上古生界二叠系

二叠系地层在研究区内广泛发育，包括吴家坪组、龙潭组、阳新组、梁山组等四套地层。

（1）梁山组（Pl）：其出露地点基本等同于下伏的总长沟组，呈带状分布，且平合接触。灰黑色钙质页岩、深灰色薄层灰岩。

（2）阳新组（Py）：分布广泛，除在城墙岩一带有分布外，在金河磷矿、晓坝一带也有出露。与下伏梁山组为整合接触，界面有过渡。一段（Py^1）为灰－灰黑色泥晶灰岩。二段（Py^2）为灰－深灰色泥晶灰岩。

（3）龙潭组（Plt）：出露地区基本同梁山组，呈狭窄的条带状分布。与下伏阳新组呈嵌合接触，界面清楚，有嵌入现象。砖红色块状含铁铝土岩、黑色页岩、煤。

（4）吴家坪（Pw）：与下伏龙潭组呈整合接触。主要为灰－深灰色泥晶灰岩、生物碎屑灰岩。

5. 中生界三叠系

该区三叠系出露厚度较大，且完整分布也较广泛。主要包括飞仙关组（Tf）、嘉陵江组（Tj）地层、雷口坡组（Tl）、天井山组（Tt）、马鞍塘组（Tm）和须家河组（Tx）。

（1）飞仙关组（Tf）：该组与下伏吴家坪组整合接触，界面附近有渐变现象。一段（Tf^1）：浅灰－兰灰色薄－厚层块状泥晶灰岩。二段（Tf^2）：紫红色、黄灰色粉砂岩、粉砂质泥岩、淡红－浅灰色泥晶灰岩。三段（Tf^3）：浅灰、淡红色中－厚层状鲕状灰岩、球粒灰岩。四段（Tf^4）：紫红色薄－中厚层状凝灰质粉砂岩、粉砂质泥岩。

（2）嘉陵江组（Tj）：该组与下伏飞仙关组为整合接触。一段（Tj^1）：浅灰、暗紫红色粉砂岩、白云岩，泥岩。二段（Tj^2）灰、黄灰色薄－厚层微晶灰岩、白云岩。三段（Tj^3）：角砾状灰岩白云岩、灰岩夹粉砂岩、泥岩。

（3）雷口坡组（Tl）：出露于黄帽山—瓢儿沟—赵家山、跑马岭、观音阁一带。一段（Tl^1）：浅灰、黄灰色薄－中层状白云岩、白云质灰岩。二段（Tl^2）：浅灰，黄色厚层块状微晶白云岩。

（4）天井山组（Tt）：出露地区基本同下伏的雷口坡组，且与其呈整合接触。灰－灰白色厚层块状鲕状灰岩夹条带状灰岩、介壳灰岩、生物碎屑灰岩。

（5）马鞍塘组（Tm）：出露于该区观音阁—仰天窝—庙坪、赵家山—曾家山—石门寺一带。与下伏天井山组呈整合接触。灰色钙质泥岩、介壳灰岩、泥灰岩。在晓坝附近为黄灰色块状生物碎屑灰岩；上部为灰色－深灰色泥岩及粉砂岩。

（6）须家河组（Tx）：该地层在白溪口—滩水、袁家田坝、白溪以及花龙门一带都有大量分布，与下伏马鞍塘组呈整合接触。分三段：一段（Tx^1）：黄灰、灰色薄－中层状钙质粉砂岩、粉砂质泥岩。二段（Tx^2）：灰色岩屑石英砂岩、粉砂岩。三段（Tx^3）：灰色屑砂岩夹炭质页岩及煤层(线)。

6. 生物地层及年代地层

1)须家河组生物地层及年代地层

（1）生物地层。

从三叠纪早、中期至晚期，由于沉积环境产生变化，生物类群也随之巨变。早、中期为海相沉积环境，生物以海相双壳类为主，晚期演变为陆相沉积，生物类群以植物及淡水双壳类为主。晚三叠世早期仍保持海相环境，具有海相向陆相演变的特征，生物面貌为海相双壳类与植物共生（表 2-4）。

双壳类：*Halobia* cf. *lireata-Cardium neaqum* 组合带，为海相双壳类化石带，在须家河组下部出现，分布局限，同时有少量介形类伴生，如 *Darwinula* sp. 等。该带与川北地区的 *Halobia pluriradiata-H. convexa* 组合带可以对比。

Yunnanopgorus boulei-Perrmophorus emeiensis 组合带，为陆相淡水双壳类化石带，发育于须家河组中，具统计有 18 属 50 多种（成都理工大学区域地质调查队，1993，1996），与这一组合共生的还有植物、介形类、叶肢介、腹足类等生物群，数量较少。该组合的主要组分在上扬子区晚三叠世煤系地层中有广泛的分布，与四川省地矿局于 1997 年所建的 *Yunnanopgorus boulei-Trigonodus keuperinus* 组合带完全相当，易于对比。

表 2-4　三叠纪生物地层单位简表

年代地层	岩石地层	生物地层
上三叠统	须家河组	植　物：*Dictyophyllum nathorsti-Clathropteris meniscioides* 组合带 双壳类：*Yunnanopgorus boulei-Perrmophorus emeiensis* 组合带 叶肢介：*Palaeolimnadia subtriangularis*，*P. lingguanensis*，*P. baoxingensis*， 　　　　 *P. intermedia* 等 双壳类：*Halobia* cf. *lireata-Cardium neaqum* 组合带

植物：*Dictyophyllum nathorsti-Clathropteris meniscioides* 组合带，为须家河组中最重要的门类，广布于龙门山中、南段，北段因断层破坏出露零星。这一植物群分布范围极其广泛，在中国南方晚三叠世煤系地层中均有出现。斯行健(1956)称之为 *Dictyophyllum-Clathropteris* 植物区系，徐仁(1979)称之为"新种子蕨植物带"或"叉羽羊齿植物带"（中生代的第二组合带），李佩娟(1956)在川北广元须家河称之为 *Dictyophyllum nathorsti-Clathropteris meniscioides* 带。上述组成分子在这一植物带中均为常见分子，并常与双壳类 *Yunnanopgorus boulei-Perrmophorus emeiensis* 组合带的主要分子共生。

除以上两大门类外，叶肢介也是须家河组中常见的一个门类，属种较为单调，以 *Palaeolimnadia* 最为多见。

(2)年代地层讨论。

须家河组以双壳类组合带 *Yunnanophorus boulei*（Patte）-*Permophcrus emeiensis*（Chen et Chang）-*Weiyuanella rhomboidalis*（Chen et Chang），叶肢介 *Palaeolimnadia* 动物群以及 *Dictyophyllum-Clathopteris* 植物组合，其年代地层原划为上三叠统永坪阶—瓦窑堡阶，对应于国际年代地层表(2000)的晚诺利阶(Late Norian)—瑞替阶(Rhactian)，可能相当于《中国地层指南及地层指南说明书》（全国地层委员会，2001)的亚智梁阶和土隆阶。

2.2.4　川西前陆盆地地层

该区位于龙门山构造带的南西面，构造相对简单，地层分布明显变厚，分布面积也相对较大。研究区包括了侏罗-第四系地层。

1. 中生界侏罗系

(1)千佛岩组(Jq)：赵亚曾、黄汲清 1937 年命名于广元县北嘉陵江东岸的千佛崖，原称"千佛岩层"，后人改称为千佛岩组。出露于研究区东南部魏家田坝—晓坝—白水湖一带，超覆于飞仙关组、嘉陵江组、雷口坡组之上。灰-褐灰色厚层-块状砾岩、黄灰色厚层-块状石英砂岩、粉砂岩、泥岩。

(2)沙溪庙组(Js)：由杨泉等 1946 年命名于重庆市合川县南的沙溪庙，原称

"沙溪庙层"，由"重庆系"（Heim，1931）中分出。底部为黄灰色厚层－块状岩屑长石砂岩，之上由8~15个黄灰色块状岩屑长石砂岩－黄灰色粉砂岩－暗紫红色粉砂质泥岩组成的旋回层。

（3）遂宁组（Jsn）：李锐言等1939年命名于遂宁县附近，原称"遂宁页岩"。紫红色粉砂岩、粉砂质泥岩。与下伏沙溪庙组为整合接触关系，与上覆莲花口组为整合或假整合接触关系。

（4）莲花口组（Jl）：源于侯德封、王现珩1939年命名于剑阁县剑门关北的两河口一带，原称"莲花口砾岩"。本区的莲花口组分布广泛，厚度巨大，一般厚达1785~1921m，该组与下伏遂宁组为整合或假整合（局部）接触关系。本区主要为砾岩－含砾岩屑砂岩－岩屑砂岩－粉砂岩－泥岩。按岩性可划分为两段。

莲花口组一段（$J_3 l^1$）：厚625.35m，中下部为块状砾岩夹少量砂岩透镜体，上部为厚层块状砾岩与岩屑砂岩、粉砂岩的不等厚互层；其砾石成分以灰岩和砂岩为主，两者含量近等，而石英岩、白云岩等含量少，砾径一般为4~10cm，中部砾径一般达到8~15cm，最大砾径达60cm；分选差，磨圆中等，钙泥质胶结，颗粒支撑；砾岩或砂岩底部常见冲刷－充填构造，上部砾岩显叠瓦构造，砾岩中夹砂岩透镜体。

莲花口组二段（$J_3 l^2$）：厚1226.66m，岩性主要为含砾砂岩、钙质岩屑砂岩、粉砂岩、泥岩组成正向不等厚旋回层，夹少量薄层砾岩；砂岩中发育平行层理及大型斜层理，遗迹丰富；粉砂岩中发育水平纹层及斜层理；泥岩中见大量钙质结核和灰绿色团块。

莲花口组属扇根亚相及扇中、扇端亚相，分别分布于一段和二段。前者主要由碎屑流砾岩和片流砾岩构成，在垂向上由块状砾岩夹砂岩透镜体变为砾岩与砂岩的不等厚互层，并逐渐表现为砾岩层变薄和砂岩层变厚，显示冲积扇具有由进积到退积的发育过程。后者由河道砾岩、含砾砂岩、砂岩及洪泛沉积构成，扇端亚相主要由洪泛沉积构成，岩性主要为紫红色、砖红色薄－中层状的粉砂岩、泥岩的不等厚互层或组成韵律层系，夹少量钙质岩屑砂岩。横向上相变剧烈，宏观上表现为呈扇状分布的冲积扇，由南西至北东，冲积扇的扇根砾岩和扇中砂岩、砾岩，含砾砂岩厚度变薄，而扇端的砂、泥岩增多增厚，岩石粒度也由粗变细的特点。

（5）侏罗系生物地层及年代地层。

千佛岩组的地质年代归属：其底界各地均与白田坝组为整合接触关系。在大邑雾山乡的千佛岩组上部的砂岩中测得ESR年龄值是171Ma，相当于中侏罗世巴柔期（Bajocian），这与区域上确立千佛岩组为中侏罗世的沉积是完全吻合的。

沙溪庙组的地质年代归属：岩性与盆地内部的沙溪庙组完全可以对比。在大邑雾山乡的沙溪庙组的砂岩中测得ESR年龄值为165Ma，相当于中侏罗世的巴特期(Bathonian);而在北东侧彭州市九陇镇与南西侧邛崃市火井镇测得沙溪庙组的 ESR 年龄值分别为 172~167Ma、178~169Ma,均为中侏罗世无疑,由此可见本区的沙溪庙组的地质年代为巴特期(Bathonian)—卡洛夫期(Callovian)。

遂宁组的地质年代归属:区内遂宁组厚度不大,但根据其中、上部的鲜红色砖红色的粉砂岩、粉砂质泥岩、泥质粉砂岩、中细粒砂岩的特征仍可与盆地内遂宁组对比。本次测得遂宁组的 ESR 年龄值 149Ma 相当于晚侏罗世早期的牛津期(Oxfordian)。因此本区的遂宁组为晚侏罗世沉积。

莲花口组的地质年代归属:与邻区的莲花口组在岩性、岩相上完全可以对比。其一段砾岩的砂岩透镜体中测得 ESR 年龄值为 136Ma,相当于晚侏罗世晚期提唐期(Tithonian)的沉积,年代值有些偏高,可能是样品或测试上引起的误差。因为砾岩之下的遂宁组(同一剖面上)的年代地层为牛津阶,所以砾岩的年代地层应是基末利阶(Kimmerigian)。

2. 中生界白垩系

(1)剑门关组(Kj):底界以灰色块状砾岩与莲花口组呈冲刷接触。一段(Kj^1)为灰色厚层-块状钙质砾岩。二段(Kj^2)为紫红-棕红色泥质粉砂岩、粉砂质泥岩。

(2)汉阳铺组(Kh):浅灰色块状砾岩、含砾砂岩、灰-黄灰色含砾岩屑砂岩。

(3)剑阁组(Kjg):上部多被剥蚀或为第四系覆盖。底部为灰白色厚层-块状含砾砂岩,其上为浅灰-黄灰细粒砂岩、棕红色泥质粉砂岩,粉砂质泥岩。

(4)七曲寺组(Kq):紫灰色块状细-中粒岩屑长石砂岩、粉砂岩、粉砂质泥岩。

3. 第四纪地层

研究区内第四纪地层发育,大都分布于研究区的南东侧。主要包括红岩子组(Qh)、广汉组(Qg)、资阳组(Qz)、草场坝组(Qc)绵阳组(Qm)等地层,出露面积约 187.3km^2。其主要由第四纪的冲、洪积、坡积以及残坡积物组成且大多以阶地地貌呈现。

2.3　龙门山区域构造格局

根据构造沉积组合、岩浆作用、变质作用、构造变形及构造演化等方面的差异,可将研究区所在的龙门山地区划分为三大构造单元(图 2-1)。

2.3.1　龙门山构造带

龙门山构造带为扬子地台的西缘,北西以茂汶断裂与松潘—甘孜造山带相邻,南东以彭灌断裂与川西前陆盆地相接。基底岩系为中、晚元古代变质、火山岩、沉积岩及同期的侵入岩。元古代龙门山地区不同地块形成演化,并与扬子古陆核碰撞焊接。沉积盖层主要为上震旦统—上三叠统。龙门山构造带系由一系列大致平行的叠瓦状冲断带构成,具典型的推覆构造特征。清平飞来峰就发育其中。

2.3.2　川西前陆盆地

川西前陆盆地(也称龙门山前陆盆地,龙门山山前坳陷)地处龙门山构造带东南侧,属于四川盆地的一部分。北面为秦岭古板块俯冲碰撞造山带的米苍山地体和大巴山逆掩构造带;南面为康滇古陆块,东面为上扬子地台川中稳定克拉通地块。川西前陆盆地西界以龙门山推覆构造带的双河—灌县—安县—马角坝断裂为界,东界以龙泉山构造带和中江—三台—苍溪白垩系尖灭线为界,南起峨眉—荥经,北至广元—旺苍,面积约四万平方公里。其南部和北部为低山丘陵地带,中部为号称"天府之国"的成都平原。

2.3.3　松潘—甘孜造山带

位于龙门山构造带西北侧,主要出露一套巨厚的三叠系复理石建造,老地层仅见于造山带边缘。三叠纪开始受板块聚合作用影响,海域收缩形成残留盆地,印支期的俯冲作用及碰撞作用形成边缘增生楔,进一步形成残留复理石盆地和前陆复理石盆地,即松潘—甘孜盆地。

2.4　龙门山及邻区构造演化

龙门山及其邻区的构造演化和造山作用历经了一个漫长的过程,形成了龙门山构造带和金汤弧形构造带、鲜水河断裂带、安宁河断裂带等不同方向、不同构造层次、不同时期的构造变形组合,构成龙门山及邻区错综复杂的构造样式的交接、叠加,并最终影响到川西盆地的形成演化。

2.4.1　元古代古岛弧与其后的伸展作用(Pt)

龙门山区现今残存的彭灌杂岩、宝兴杂岩、康定杂岩及黄水河群、盐井群等变质岩系呈北东－南西向零星展布，绝对年龄资料表明它们都是在 6.9 亿～19.93 亿年，属于元古代甚至更早时期的产物。现有资料表明，黄水河群等变质岩系是一套古岛弧环境下的火山－沉积变质岩系，其后侵入的岩浆杂岩属造山期 I 型到 S 型花岗岩。虽然岛弧山系现今已被后来的构造所肢解，但这套物质存在，反映当时是一个古代活动大陆边缘性质的环境。

保存于黄水河群、盐井群中的北东向正韧性剪切带及泸定大渡河杂岩中的南北向韧性剪切带，是至今保存最古老的基底构造形迹，它随同元古代末期(苏雄期)的火山裂陷作用反映出岛弧带滞后的一种伸展作用的痕迹。

2.4.2　稳定大陆边缘的发展(Z—T_2)

晚三叠世以前，龙门山区属于稳定大陆边缘的发展阶段，东西分野明显。东部属被动大陆边缘地台环境，形成了震旦纪到中三叠世的浅海沉积。龙门山后山以西地区，受伸展作用形成的堑(槽)－垒(台)构造的影响，出现古生代地层发育不全或堑垒两侧沉积厚度差异很大的现象。加里东运动、海西运动在这一地区表现为伸展运动。

2.4.3　褶断隆升及前陆逆冲(T_2—T_3)

中三叠世末印支运动早幕发生，扬子板块与华北板块碰撞，秦岭地槽关闭，松潘—甘孜倒三角形地块的北界形成(图 2-3)。与此同时，青藏地区的羌塘地块沿金沙江俯冲，在甘孜—理塘一线构成俯冲前缘边界构成倒三角形西界，这时龙门山断裂的深部结构形成东高西低的失稳态势，原来的北东向岛链逐渐相连几乎成一整体，构成三角形东界。三角形区域沉积了巨厚的晚三叠世西康群巨厚的复理石沉积，而东部则成为晚三叠世早期的残留海。

2.4.4　推覆构造形成(J/T_3x)

晚三叠世末期发生的印支运动晚幕是龙门山区较大规模的一次构造运动，它导致了三叠系之前地层的褶皱和推覆构造带的形成，成为龙门山区推覆构造的主要形成阶段。此时动力来源方向发生了变化，主要是受东南古太平洋板块的影响，迫使扬子板块向龙门山区俯冲(罗志立，1991)。这种动力学背景导致龙门山推覆构造带由后山向前山扩展，波及灌县—双石断裂。在三角形内部，金汤弧形构造进一步复杂化，褶皱轴面多向弧心方向偏倒，弧形推覆进一步强化。在弧形构造东翼，受龙门山北东向构造带的约束形成拖曳，东弧尾均向北东方向收敛，且弧的东翼变形强度明显大于弧的西翼。

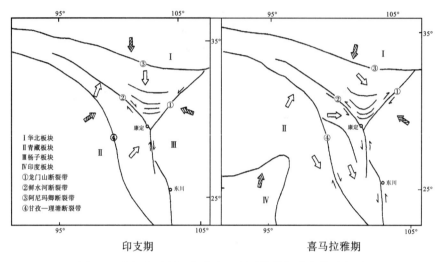

图 2-3　龙门山及邻区印支期、喜马拉雅期动力学示意图

2.4.5　脉动式抬升、川西盆地转型(J—E)

燕山运动这一时期在龙门山区主要表现为脉动式抬升。同时，其东南是一个大面积的凹陷(四川盆地)，川西盆地由须家河期的前陆盆地转换为侏罗纪广阔的坳陷盆地。盆地边缘至中心，横向上呈冲积扇－三角洲－湖泊的相带展布特点，相关沉积周缘薄，中心厚，剖面上呈近似于板状的沉积体。在西部，随着燕山运动的脉动式抬升，有大量的花岗岩侵入。

燕山运动晚期，川西盆地性质发生变化，白垩纪沉积范围大规模收缩。第三纪盆地向川西盆地西南隅退缩，仅限于天全、芦山一带。沉积结构与白垩系类似，均为下粗上细的退积结构，横剖面上西厚东薄，显示前陆盆地的特点。

2.4.6　推覆、滑覆与走滑(E—Q)

进入喜马拉雅期，龙门山区的造山运动达到高潮。随着印度板块向青藏高原的俯冲，其动力使西部理塘、巴塘等地块向南挤出，鲜水河断裂带、安宁河断裂带左行走滑。龙门山一带受太平洋板块向欧亚板块俯冲产生的弥漫作用，印支期形成的推覆构造进一步向东南方向发展，形成龙门山山前断裂，致使侏罗－白垩系地层被错切，使盆地边缘相断失，同时在川西盆地西侧形成北东向隐伏断裂。随着推覆造山作用的增强，龙门山进一步崛起，估计至少上升了 2000m（林茂炳，1996），地形反差强烈，滞后伸展作用加之推覆体重力失稳，产生向东南方向的重力滑动。

　　龙门山东邻的川西盆地内部，喜马拉雅运动使侏罗纪—第三纪的湖泊沉积消亡，其间沉积地层同时卷入喜马拉雅期褶皱，褶皱样式以开阔至中常直立褶皱为主，褶皱轴向多与龙门山造山带平行。

　　综合上述，龙门山及邻区区域构造演化归纳于表 2-2。

表 2-2　龙门山区构造演化事件表（据林茂炳，1996）

事件顺序	沉积事件	岩浆事件	变质事件	变形事件	时段
7	川西坳陷前陆盆地第四系沉积			新构造运动，部分滑覆体次生崩塌	Q
6	开始出现成都坳陷沉积	沿鲜水河断裂带花岗岩侵入	沿断裂产生动力变质作用及退化变质作用	青藏高原隆升，龙门山大规模冲断推覆及滑覆作用，鲜水河断裂大走滑，弧形构造叠加变形，安宁河断裂挤压走滑，红层褶皱、断裂	喜马拉雅期 N—Q
5	前山带有以侏罗系—第三系为代表的陆相红层沉积			坳陷盆地转为前陆盆地，龙门山大面积抬升，冲断推覆发育，形成山前隐伏冲断带	J—E
4	须家河组煤系地层沉积	后山带有大面积酸性岩浆侵入		东部台区前缘形成坳陷前陆盆地，西部特提斯洋关闭回返，鲜水河断裂和龙门山断裂逆冲走滑，弧形构造形成，SN 向断裂逆冲	印支晚幕 J/T₃
3	西部特提斯洋类复理石碎屑沉积发育	有部分辉绿岩脉沿构造破裂贯入	后山区发生区域动热变质，沿断裂带有动力变质作用	印支运动导致扬子地台及西部裂陷槽区隆升，褶皱变形及初期冲断推覆，西部特提斯洋向东扩张	晚三叠世印支早、中幕（T₂—T₃）
2	前寒武系—早三叠世以碳酸盐为主的台相沉积。后山志留、泥盆、石炭、二叠系碎屑岩为主的槽相沉积	晚二叠世末具广泛的基性火山喷发形成峨嵋山玄武岩及大石包玄武岩及部分辉绿岩脉发育		龙门山断裂及鲜水河开始形成，SN 向断裂发展	Z—T₂
1	黄水河群、盐井群等火山沉积、部分陆源碎屑沉积	基性-中性-酸性岩浆侵入及后期中酸性火山喷发	区域动热变质及沿韧性剪切带的动力变质作用	古岛弧发育时期及其后期伸展作用，NE、SN 向正韧性剪切	Pt 8×10⁸～6.9×10⁸a

第3章　清平飞来峰的厘定

3.1　关于飞来峰的讨论

关于飞来峰的定义，《构造地质学》《构造地质学原理》等文献中都将其与逆冲断层、逆冲推覆构造以及构造窗一同定义，如：

断层面倾角在 30°左右或更小的低角度逆断层（又称逆冲断层）。断层的上盘为主动盘的，称仰冲断层；下盘为主动盘的，称俯冲断层。位移量达数千米以上的冲断岩席，称为推覆体。冲断层及其上的推覆体可合称为逆冲推覆构造。冲断层一般总是将老地层推覆到较年轻的新地层之上，造成地层在垂向上的重复叠置。由于冲断层的倾角平缓，甚至可以波状起伏，经剥蚀作用，冲断岩席若呈孤立的岩块残留在下盘较年轻的岩石之上，并周围为断层线所围绕，就形成飞来峰；如果侵蚀作用仅在谷底局部切穿冲断层面，使下盘岩石得以在上盘岩石包围之中出露，则形成构造窗。冲断层大多发育在板块碰撞造山带及前陆褶皱冲断带中。构造窗和飞来峰，在平面上都表现为和周围的岩层呈断层接触，构造窗表现为断层围限下伏新地层，而飞来峰则表现为断层围限上覆老地层。

也有较为简单的定义，如：飞来峰是指经大型的断面平缓的断层从异地推移而来的巨型岩块（推覆体）经侵蚀后的残留部分。

可见多数地质学家对飞来峰的定义有两个要点：①产状平缓的逆冲推覆体为其母体；②后期剥蚀作用使其最终成型；③飞来峰多为老地层，与周围新地层断层接触。

而 Spencer 在《地球构造导论》中将飞来峰定义为"上冲断块、推覆体或者平卧褶皱的侵蚀残山"，增加了平卧褶皱这种成因类型，但仍然强调飞来峰是挤压应力的产物。Diesel 较早认识到这其中的问题，他在 1965 年《构造地质学》一书中指出滑动构造概念改变着人们对山脉构造特征认识的观点。赫尔维特推覆体和飞来峰群如今的位置是由于滑动作用形成的，飞来峰不再是强烈挤压作用的唯一证据。

吴山对龙门山飞来峰带做了大量研究，他在《再论龙门山飞来峰》一文中将飞来峰定义为与周围下伏岩系在物质组成和构造等地质特征方面都不相同、并且在建造成因上也完全无关的孤立岩块。这种定义更强调飞来峰的"孤立"特征，更加明确了飞来峰的地质意义，增强了可操作性，更为严谨。

依照这一定义，从成因上看，飞来峰不仅仅包括了由推覆体经剥蚀形成的孤立岩体，也包括了由重力滑动形成的块体以及 Spencer 所定义的平卧褶皱形成的块体。龙门山飞来峰带中的大多数"飞来峰"已经被证明是典型的重力滑动（滑覆）形成的。从构造几何学角度看，经典的飞来峰定义认为飞来峰是通过一个主滑动面与下伏系统接触，从平面上看，围限的飞来峰的断层属于同一个断层。而实际工作中，围限飞来峰的断层常常不属于同一条断层。比如，早期的飞来峰被后期的推覆体压盖或者切割。从成因上看，如果推覆体（滑覆体）被后期活动的断层切割，与根带分离，而不是由于后缘遭受剥蚀而孤立，理论上是否可以定为飞来峰？

例如，三江飞来峰群中的邓家塘飞来峰（图 3-1），由于后缘被苏家河坝断层切割压覆，飞来峰整体呈不规则三角形，并且后缘变形明显加强，发育了一系列褶皱及断层。在三江口西南上西河两岸均出露原地系统三叠系须家河组岩层以及飞来峰的断层接触界限，表明该飞来峰的断层相当平缓，飞来峰下延较浅，飞来峰特征明显。

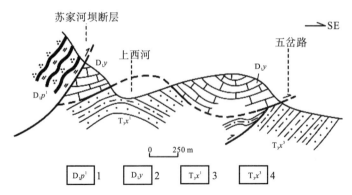

图 3-1　邓家塘飞来峰北东端构造剖面（据 1∶5 万三江幅、万家坪幅区调报告）

又如关山岗飞来峰（图 3-2），干沟断层在三合顶南侧切割白石—苟家飞来峰前缘形成关山岗飞来峰，可见须家河组地层逆冲推覆到飞来峰之上，断层上盘为三叠系须家河组，下盘为侏罗系莲花口组。断面产状 320°∠82°，上盘逆冲于下盘之上。断裂带宽度达 30 余米，从断裂中心向两侧有明显的构造分带：中间为劈理化带及构造透镜体带，变形较强；两侧为节理破碎带和陡立岩层、岩层扰动带，变形较弱。带中劈理形态指示逆冲运动特征极为清楚。表明飞来峰就位之后还有过再次逆冲活动。

由这两个实例我们认识到飞来峰未必同一条断层围限，也并非必须是后缘剥蚀孤立才可以成立。按照飞来峰岩体的"孤立"特征的定义，更为严谨，更具有可操作性。

根据调查，清平飞来峰正是这种情况。该飞来峰西、南、东均为断层围限，

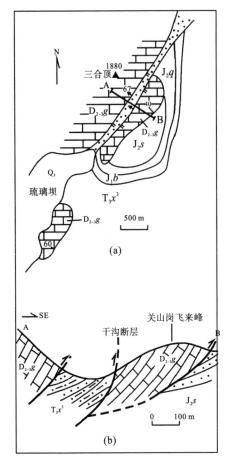

图 3-2 干沟断层与飞来峰构造关系图
（据 1∶5 万三江幅，万家坪幅区调报告）

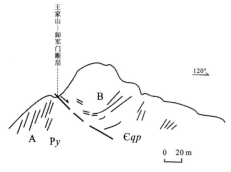

图 3-3 红岩子的王家山—卸军门断层剖面
A. 原地系统；B. Ⅰ层飞来峰

断层平面上呈"U"形，剖面上为上凹的勺形；后缘被映秀北川断层切割。峰体内物质组成和构造特征与下伏岩系完全不同，整体也显示飞来峰特征。因此我们认为清平飞来峰符合飞来峰的定义，具备这种特征的孤立岩体可以作为飞来峰的一种亚型。

3.2 清平飞来峰的厘定

根据以上有关飞来峰的讨论，结合清平飞来峰地质特征，笔者认为清平飞来峰是一个后缘被断层切割了的飞来峰。即是一个在物质组成、构造性质和成因等诸多方面都与周围地块不同的无根块体。

按照飞来峰的定义，以下从清平地区飞来峰的断面几何形态特征、峰体物质组成差异等方面对其进行确认。

3.2.1 几何形态特征

根据调查，清平飞来峰滑动面平缓，呈上凹的勺形。

（1）飞来峰后缘断裂（滑动面）几何特征。

与龙门山推覆构造带特征性的倾向北西的铲状断层不同，清平飞来峰边界断裂的后缘倾向南东。

尽管清平飞来峰主滑动面后缘由于山前崩坡积掩盖严重，但从图 3-3、附图 1 的宏观特征分析，其滑动面倾向南东。四川地质局化探队进行 1∶5 万清平幅的地质填图中也得到了相同的结论，测得该断层倾向南东，倾角 70°。断层下盘为原地系统的泥盆系沙窝子组－二叠系阳新组碳酸盐建造，以倒转单斜层序形式产出，倾向 270°～294°，倾角 74°～85°；上盘主要以寒武系清平组含磷岩层为主，地层正常，整体表现为一向斜，在绵远河左岸剖面所观察到的一系列总体产状倾向北西的岩层实际为该向斜的南东翼。

　　（2）飞来峰前缘断裂（滑动面）几何特征。

　　与后缘断裂相对，飞来峰前缘断裂倾向北西。

　　飞来峰前缘断裂为卸军门断层（图 3-4，附图 3）。根据调查，其断面倾向北西，倾角 75°。断层下盘为三叠系嘉陵江组浅黄色薄－中层砂岩、粉砂岩，夹紫红色粉砂质泥岩，整体产状 294°∠61°；近断层处具上陡下缓特征，

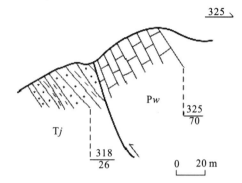

图 3-4　王家山—卸军门断层前缘断裂剖面

下缓部位产状 318°∠26°，局部岩层具缓波状挠曲。上盘为二叠系吴家坪组黑灰色中－厚层状泥晶灰岩，近断层处有强烈变形，发育紧闭的断层相关褶皱，整体产状：325°∠70°。估计断裂带宽 2～3m。

　　飞来峰东部前缘断层为黄羊坪断层，该断层在茶园包—小坝—楠木园一带表现为倾向北西的缓倾断层。在其南东近 1km 处，发现了断层面近水平的断层出露（图 3-5，附图 5、6），分析其为岐山庙—黄羊坪断层前端显示。该断层上盘为嘉陵江组二段灰黄色膏溶灰岩、泥灰岩，夹红褐色粉砂岩、泥岩；下盘嘉陵江组二段以紫红色泥岩、灰黄色灰岩为主。断裂带宽 1m，强烈挤压破碎，近断层处几乎近粉末，后重新固结。断层面在北部有向上翘起的趋势。在该断层之后，黄

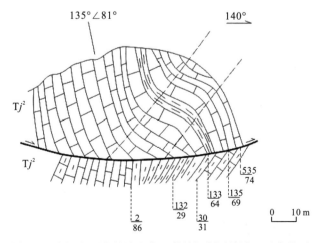

图 3-5　大坪山西北的岐山庙—黄羊坪断层前端显示素描图

羊坪断层(附图 4)也倾向北西,倾角 40°。因此岐山庙—黄羊坪断层整体产状较缓,舒缓波状特征明显。

飞来峰东部侧缘断层为黄羊坪断层东北段,即楠木园—三星段。在这一段,断层倾向西或北西西。飞来峰体以缓角度压盖在唐王寨向斜泥盆系和前缘三叠系地层之上。经过详细调查认为属于飞来峰体的阳新组灰岩压盖在三叠系飞仙关—铜街子紫红色泥岩、砂砾岩之上。断层附近可见到断层角砾岩、碎粉岩,灰岩角砾与紫红色泥岩糅合在一起,角砾大小 3~5mm,基本无磨圆(附图 8)。下伏岩层受断裂影响形成一个不对称的背斜(附图 7),同样显示了断层自北西向南东推覆的特征。在冲沟西坡山脚下发现近水平的三叠系砂岩,山顶则为阳新灰岩,结合地形地貌推测断层产状如图 3-6 所示。

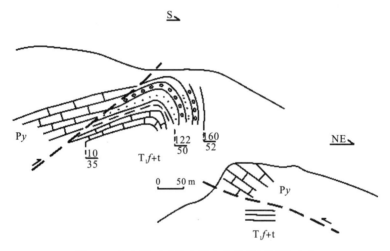

图 3-6　永安镇西冲沟中岐山庙黄羊坪断层显示

飞来峰体内部节理可以提供底部断层产状的参考证据。在安县安昌河剖面调查中,我们注意到,岩层中倾向北西,其中多发育一组与层面基本垂直的节理,与另一组基本平行层面的节理构共轭节理(附图 9),显示了黄羊坪北部飞来峰体内岩层的节理形式。照片显示的节理位于安昌河剖面中飞来峰体的前部,接近原地系统。垂向层面的节理较为优势,表现为舒缓波状,缓倾角,倾向南东。这种缓倾角的节理在整个飞来峰剖面十分常见。结合节理产状的认识,分析飞来峰底部断裂与这些缓角节理相似,为平缓的舒缓波状。

(3)从平面上看,围限飞来峰的断层整体呈现"U"形,并且其上部的各峰体边界断裂也表现为"U"形封闭。特别是在飞来峰后缘,各层飞来峰体边界断裂均收敛,类似于唐王寨飞来峰的平面特征(图 3-7a)。

据以上分析飞来峰后缘断裂的产状;西部、东部前缘,东部侧缘滑动面产状;并结合飞来峰内部节理产状整体平缓;平面上具有类似唐王寨飞来峰的

"U" 分布特征。由此可以认为，清平飞来峰的底部滑动面整体平缓，表现为凹面朝上的勺形，具有明显的飞来峰特征。

与唐王寨飞来峰（图 3-7b）相似，清平飞来峰后缘断裂并没有出露，而是被映秀—北川断裂所截。

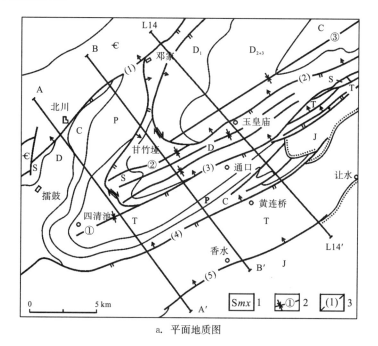

a. 平面地质图

b. 块体图

图 3-7　龙门山北段唐王寨飞来峰构造图（据吴山和林茂柄，1991）

　　根据王绪本等(2009)，王桥(2010)对龙门山前山段大地电磁测深(MT)资料地质解释研究，映秀—北川断裂在龙门山中段深度 5km 以上表现为高倾角逆冲(图 3-8，图 3-9)。

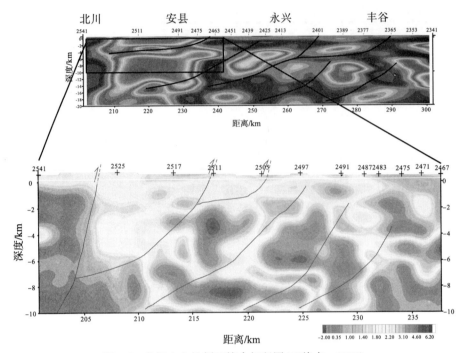

图 3-8　龙门山电性剖面综合解释图(王绪本，2009)

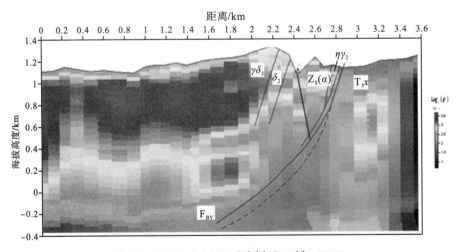

图 3-9　WFSD-1 AMT 反演剖面(王桥，2010)

（黑色实线表示地层界线，红色实线表示断层，红色虚线表示错误解释的断层，蓝色实线表示钻孔方向；$\gamma\delta_2$ 元古代花岗闪长岩，δ_2 元古代闪长岩，$Z_S(\alpha)$ 震旦系下统苏雄组变英安岩，$\eta\gamma_2$ 元古代二长花岗岩，T_3x 三叠系上统须家河组岩屑石英砂岩、碳质页岩夹煤线，F_{BY} 表示北川—映秀断裂）

　　该条电性剖面从研究区与唐王寨飞来峰之间穿过，提供包括映秀—北川断裂在内的相关参考信息。在映秀—北川断裂以西，4km以上显示向西陡倾的低阻带，为震旦系和寒武系地层；4km以下出现中偏高阻块体，为基底变质岩系。从低值带的形态分析，5km以上，映秀—北川断裂倾角较陡，5km以下断裂带倾角逐渐趋缓。映秀—北川断裂南东表现为一系列中高阻块体从西向东依次叠置，为由泥盆系飞来峰、上三叠统煤系和侏罗系碎屑岩的显示。

　　从电性剖面看，映秀—北川断层与其南东断层一陡一缓，剖面上呈高角度相交，是映秀北川断裂上冲切割了前期的断裂，还是这些平缓的叠瓦状断层本身？

　　该条电性剖面从研究区与唐王寨就是映秀—北川断裂影响下前展发育的产物，这个问题尚待研究。

　　蔡学林等（2005）对四川黑水—台湾花莲地学断面进行了430 km深的高分辨率面波层析成像，为此，利用多学科综合分析与研究，编绘出四川黑水—台湾花莲断面岩石圈与软流圈结构图（图3-10，图3-11）。根据该图，近10km以上的映秀—北川断裂都为高陡状态。

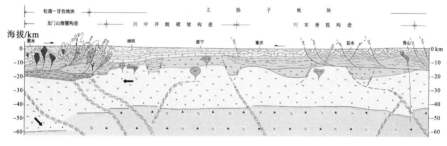

图 3-10　黑水—绵阳—重庆—秀山地学断面综合解释图

（据蔡学林等，2005）

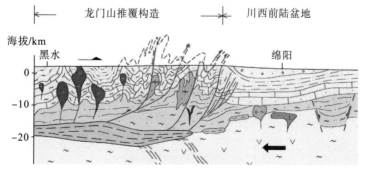

图3-11　龙门山—川西前陆盆地楔入造山推覆成盆盆山耦合关系模式图

（据蔡学林等，2005）

　　根据对研究区各个断裂的研究，飞来峰边界断裂以及内部断裂均表现发育碎裂岩、断层透镜体等，仅局部有糜棱岩化特征，整体为脆性断层。根据奥万罗（Orowan，1960）估算，剪切破坏地震的临界深度为 $5\sim10km$。所以脆性－剪切断层只能发生在地壳上层。

　　组成飞来峰岩石岩层均未发生变质，根据 Mattauer 的不同构造层次及相应构造模式图，构成飞来峰的断裂形成深度较浅，不会超过 5km。

　　通过以上信息，结合野外调查的研究区飞来峰断裂勺状特征，分析映秀—北川断裂与飞来峰底部接触断层应该为上冲切割关系。虽然由于映秀—北川断层上盘的地层压盖，无法看到飞来峰底部断裂的具体状态，但可以基本确定它是无"根"的孤立岩体。

　　清平飞来峰与其东北紧邻的唐王寨飞来峰（图 3-7）的高度相似性可以作为确认飞来峰的参考。首先，它们都表现为长条形，边界断裂呈现"U"形，并且在后缘收敛，均被映秀—北川断裂切割，使其后缘被破坏，出露少；其次，构造方向基本一致，不论断层产状还是褶皱轴迹展布方向；再次，与唐王寨飞来峰相似，在构造类型上以向斜为主，虽然向斜特征存在一定的差异。

3.2.2　清平飞来峰与准原地系统组成的差异

　　清平飞来峰与准原地系统的岩石地层具有明显差异（图 3-12）。组成飞来峰的岩体主要包括 Zd^3—T_2l^2 地层，与下伏的原地系统岩石地层具有一定相似性，但考察其岩层接触关系时发现，歇马庙、五家沟一带震旦系灯影组三段与寒武系清平组整合接触，清平组上伏的磨刀垭组与泥盆系观雾山组一段、二段以及沙窝子组平行不整合接触，其间缺失了奥陶系—志留系。而在下伏岩系中，泥盆系沙窝子组直接平行不整合于灯影组三段之上。如此截然的岩层如今平面分布相距不到3km。显示二者形成时的环境差异，不是同一地区沉积的产物。

　　比较飞来峰地层与北部映秀—北川断裂北西的地层，显著差别首先在于后者浅变质而飞来峰内则未变质，显示二者经历的地质演化具有很大差别，所受的地质作用也并不相同。此外，在映秀断裂以北地区对应于磨垭组的油房组与上伏的奥陶系宝塔组平行不整合接触、宝塔组又与志留系茂县群平行不整合。泥盆系河心组（对应于观雾山组—沙窝子组）又与下伏的志留系茂县群平行不整合接触。如此截然的岩性组合差异及不同的地层接触关系使我们确信这三者构造沉积环境各不相同，现今构造就位前各自所在的部位也各不相同。

　　根据以上分析，得出结论：清平飞来峰与原地系统不是同一地区沉积的产物，即具有飞来峰"不同物质组成特征，成因建造上也完全无关"的特点。

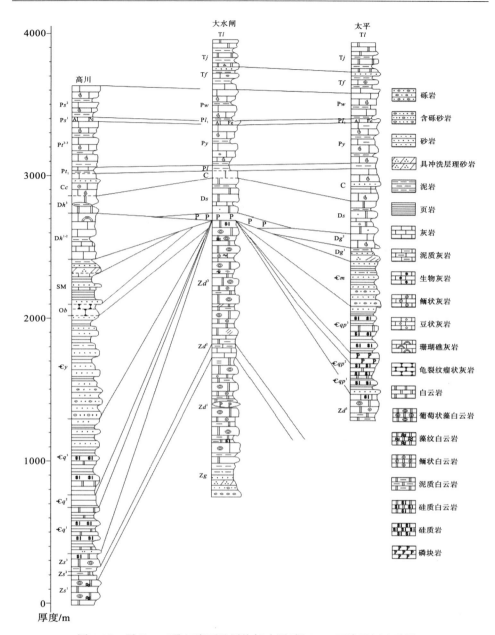

图 3-12　震旦—三叠纪岩石地层格架略图(据 1∶5 万清平幅地质图)

3.2.3　清平飞来峰与准原地系统在构造上的差异性

　　清平飞来峰内部构造与准原地系统构造也有明显不同,与飞来峰接触的下伏系统主要为三叠系飞仙关组—嘉陵江组,飞来峰体岩层则相对要老,与下伏地层截然不同。

虽然飞来峰总体的构造方向与龙门山主要构造方向一致，但内部构造特征则明显不同。比如在天井山—卸军门一带，飞来峰表现为一系列褶皱，背斜向斜相间分布，向斜北西翼，背斜南东翼各有倒转，褶皱轴面倾向北西，整体呈波浪状，内部断裂并不发育。东部大部分的飞来峰体主要分为两层，每层均为一个北西翼倒转的向斜，峰体内部构造并不十分复杂，断裂不发育。而下伏岩系则褶皱方向多样，断层发育，多方向切割，岩层破坏严重，而且整体倒转，构造复杂。与后缘的映秀断裂上盘推覆体相比，构造方向完全不同，五郎庙—金溪沟一带，其主要岩层走向近南北，而映秀断裂南东侧飞来峰岩层主要为北东—南西方向。比较飞来峰与下伏岩系的构造，我们还发现飞来峰内部以褶皱变形为主，断层发育较少，而下伏岩系断层相对发育，地层基本为倒转岩层，变形程度差异明显。

根据上述分析，进一步明确了清平飞来峰与周围岩层具有不同的成因建造，"飞来峰"特征明显。

综上所述，可以认为研究区地块是后缘被断层切割的无根块体。其物质组成、成因都与周围地块不同，符合前述的飞来峰概念，可以确定其为飞来峰。

3.3　清平飞来峰的划分

3.3.1　清平飞来峰的划分原则

一个完整飞来峰构造应该包括以下要素：

飞来峰体：滑动面之上发生滑动的岩块构成。变形一般强烈复杂，其中发育有逆冲断层和伴生的褶皱。

滑动面：即飞来峰体借以滑动的断层面。一般除主滑面外，还有次级滑动面。往往形成"多层楼"格局，相同块体具有相似或者相关的几何形态、物质组成、变形特征、运动学以及动力学特征。飞来峰的滑动面一般呈后陡中平前缓凹面向上的铲状。常常沿着软弱层如膏盐层、黏土岩和煤层等滑动。

下伏系统(或称原地系统、原地岩块)：指主滑动面以下的岩系，为飞来峰构造的基底。

清平飞来峰具有典型的"多层楼"结构特征，根据研究区各地质体的几何特征、物质组成、变形特征以及运动学、动力学规律，可将清平飞来峰划分为五层，是目前发现的龙门山飞来峰带中层数最多的。从下向上分别是：龙王庙—白云山飞来峰(I层)、盐井沟—水晶沟飞来峰(II层)、顶子崖—罗元坪飞来峰(III层)、燕儿岩—金溪沟飞来峰(IV层)、二郎庙飞来峰(V层)。各层飞来峰边界断裂分别为王家山—卸军门断层、清平断层、岐山庙—黄羊坪断层、高川—香炉山断层、二郎庙断层。

3.3.2　清平飞来峰的划分

根据研究区各地质体的几何特征、物质组成、变形特征以及运动学、动力学规律，将清平飞来峰进一步划分为五层(图 3-13，图 3-16)

1. Ⅰ层——龙王庙—白云山飞来峰

龙王庙—白云山飞来峰是研究区最底层的飞来峰体，主要分布于研究区南西部，出露显示其分布范围较大，北达火石沟一带，向西南延伸到白云山西侧，向东到茶园包南侧，出露面积 67.3km²。

Ⅰ层飞来峰边界断裂为王家山—卸军门断层，该断层北部三叉沟一带与Ⅲ层飞来峰边界断裂岐山庙—黄羊坪断层收敛，并被Ⅴ层飞来峰(二郎庙飞来峰)压盖，自大竹坪一带，向南经王家山到白云山转向北东，经何家山到卸军门，在楠木沟为楠木沟平移断层所切，在清平林场南，楠木沟断层北东侧蜿蜒向北东直到茶园包南部被Ⅲ层飞来峰的顶子崖—黄果坪断层压盖。全长 42.7km。在地表出露整体表现为半环状的"U"形。

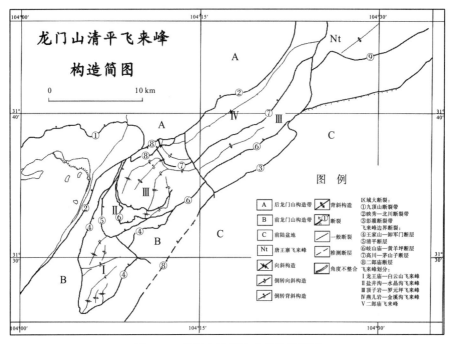

图 3-13　龙门山清平飞来峰构造简图

断层在西北部清平—王家山一带倾向南东，倾角 70°～77°，南侧转向北东的白云山一带倾向北东，倾角 40°；在东部卸军门一带倾向北西，倾角 68°；在东北部欧阳观一带倾向北西，倾角 42°。总体表现为向周边翘起的勺形。

断层延伸较长，在不同地区断层切割地质体各有不同，断层下盘地层相对单一，主要为三叠系飞仙关组—须家河组，部分地方有泥盆系—二叠系地层；断层上盘相对复杂，而且整体年代较老，Z—T 都有，构造形态多样。

2. Ⅱ层——盐井沟—水晶沟飞来峰

盐井沟—水晶沟飞来峰出露较少，主要分布于盐井沟—清平—水晶沟一带，北部于岐山庙一带狭窄分布，西达盐井沟清平一带向东至清平林场北部，整体呈弯月形，凸向蔡家沟，水晶沟一带。该飞来峰以清平断层为界与下伏的龙王庙—白云山飞来峰接触；又以岐山庙—黄羊坪断层与上覆的Ⅲ层飞来峰接触。出露面积 16.4km²。

飞来峰的边界断裂在岐山庙北被Ⅲ层飞来峰（顶子崖—罗元坪飞来峰）所切割，向南经盐井沟、清平，至蔡家坡，水晶沟一带转向北，延伸到大柏岩南被顶子崖—罗元坪飞来峰压盖。断层西缘很长一段被流经清平的绵远河谷第四系坡洪积层所覆盖，难以观察到直接露头。出露长度 19.4km，整体也表现为一个半环状的"U"形。

飞来峰内部组成相对简单，主要为寒武系清平组三段泥质粉砂岩、粉砂质泥岩和磨刀垭组细砂岩、粉砂岩。断层下盘岩层较多，主要为龙王庙—白云山飞来峰内的∈—P 岩层。构造形态也多种多样，照壁山向斜核部吴家坪组及两翼∈—P 岩层均被该断层切割压盖。错开卸军门断层的楠木沟平移断层也被该飞来峰压盖。

断层在后缘倾向南东，倾角 35°；在前缘倾向北西，倾角 40°，表现为周边翘起的勺形。

3. Ⅲ层——顶子崖—罗元坪飞来峰

顶子崖—罗元坪飞来峰是研究区出露面积最大的飞来峰体，从研究区的西部到东部均有大面积出露，出露部分形如一把如意，西部为头，面积较大，东部为柄，相对狭长。西部达岐山庙东部，南部至顶子崖以南，东部到三星，整体呈北东向展布，出露面积 125.3km²。

该飞来峰在西部草槽坪一带，南部大柏岩以南，茶园包南部以岐山庙—黄羊坪断层为界，压盖于Ⅰ层飞来峰（即在王庙—白云山飞来峰）之上；西南部仍以岐山庙—黄羊坪断层为界，压盖于盐井沟—水晶沟飞来峰之上；南东则压盖于金花—晓坝推覆体之上；东北部在三星一带压盖于唐王寨飞来峰之上。北部西段以二郎庙断层为界，下伏于Ⅴ层飞来峰（二郎庙飞来峰）之下，往东各段以高川—香炉山断层为界被Ⅳ层飞来峰（燕儿岩—金溪沟飞来峰）压盖。

顶子崖—罗元坪飞来峰边界断裂为岐山庙—黄羊坪断层，该断层西起大竹坪一带，向南到顶子崖南侧，转向东、北东直到被高川—香炉山断层所截，压盖于

Ⅳ层飞来峰之下。中间被杜家沟断层错开，错断平距达 600 余米。

该断层在飞来峰的后缘与王家山—卸军门断层在三叉沟一带缓缓收敛，并被Ⅴ层飞来峰(二郎庙飞来峰)压盖。断层延伸较远，不同地区切割岩层不同，在西部下盘为寒武系磨刀垭组，上盘主要为泥盆系观雾山组、沙窝子组，以及 C—P 地层。在东部上盘主要是 P—T，下盘为三叠系以及侏罗系。

断层在飞来峰的西部倾向东，在大竹坪一带由于第四系坡洪积覆盖，未见直接的岐山庙—黄羊坪断层与王家山—卸军门断层关系露头，分析可能大竹坪—三叉河一带交于王家山—卸军门断层。在顶子崖一带断层倾向北东，产状30°∠40°。在东部黄平坪一带倾向 310°～320°，倾角 40°～65°。楠木园—三星一段倾向西或北西西。总体看该断层也有凹面朝上的勺形特征。

4. Ⅳ层——燕儿岩—金溪沟飞来峰

该飞来峰呈长条形北东—南西分布，西达高川东北部，东至擂鼓西部区域，出露面积约 98.3km²。

燕儿岩—金溪沟飞来峰东—南—西以高川—香炉山断裂为界上覆于顶子崖—罗元坪飞来峰之上，东部擂鼓—三星一带则上覆于唐王寨飞来峰之上。后缘被映秀断裂切割。西北部被二郎庙飞来峰压盖。

高川—香炉山断层是该飞来峰的南部边界断裂，该断裂在西部转弯子一带被Ⅴ层飞来边界断裂二郎庙断层切割压盖于Ⅴ层飞来峰之下。全长 32.5km。

断层在高川到夜火槽一段呈弧形，弧顶凸向西南方向，断层倾向北东，倾角48°。被杜家沟平移断层错断后，东部向南移了 300 余米，断层转向北东向，倾角 40°～65°。在三星以北转向北东东，倾向北西。总体看断面呈舒缓波状，也有凹面朝上的勺形特征。

5. Ⅴ层——二郎庙飞来峰

二郎庙飞来峰是本区最小的飞来峰，只分布在研究区西北，三叉沟—二郎庙一带，整体呈一个长条形，面积 5.1km²。

该飞来峰岩层主要为 Ds—Py。它在西南三叉沟—鸳鸯池一带以二郎庙—五郎庙断层上覆于顶子崖—罗元坪飞来峰之上；东南以断层为界上覆于燕儿岩—金溪沟飞来峰之上，北部则以五郎庙断层覆于大水闸推覆体和高川推覆体之上。

边界断裂为二郎庙—五郎庙断层，该断层东从柏水沟向南到鸳鸯池，西到三叉沟，转向北东，经五郎庙到柏水沟封闭，整体呈环状。

断层在东南部倾向北西，倾角 60°～65°，东部柏本沟一带倾向北西西，倾角80°，北部由二郎庙北部地形与断层线关系分析得到断层倾向南东，由此我们认为该断层呈上凹的勺形。

3.3.3　准原地系统特征

主要为 D/Z，D—T 地层，这些地层大多受构造影响，表现为倾向北西的倒转地层。在飞来峰西侧、南东侧均是如此。西侧地层跨度大，但与飞来峰接触的多为三叠系飞仙关组、嘉陵江组，该特征与东部相同。

东南部主体为金花—晓坝推覆体，它是一个以脆性变形为特征的逆冲推覆体。北西通过卸军门断裂下伏于Ⅰ层飞来峰之下。组成的地层有 P—T 的一套碳酸盐岩和碎屑岩。南东界为晓坝—金花断裂。区域上称江油—灌县断裂，为山区与盆地分界线，控制山区和盆地的升降发展。

典型构造主要有如下三种。

1.　晓坝—金花断裂

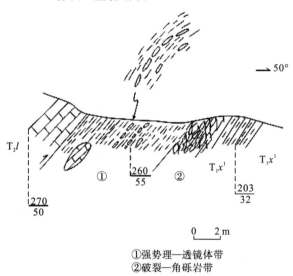

① 强势理—透镜体带
② 破裂—角砾岩带

图 3-14　雎水北雷口坡组/须一段断层

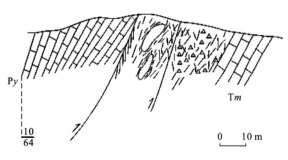

图 3-15　小坝断层素描图

该断裂呈一组平行的断层束在山区和盆地分界处时隐时现。断裂带宽 20～30m。有透镜体夹块，具一定的强弱分带性，断面倾向 310°～330°，倾角 60°～75°，其性质属于逆冲断裂。该断裂在南西切割了侏罗纪地层。在安县晓坝也切割侏罗系，断裂带采得石英 ESR 年龄值为 1.17Ma。

在雎水北该断层有较良好的出露。如图 3-14，Tl/Tx 断层，破碎带宽 12m。主要为强劈理化的构造角砾岩和构造破裂岩。上盘为黄灰色厚层状灰岩，Tl 产状：270°∠50°。下盘为薄片状，板状，透镜状，灰黑色泥岩、粉砂岩、砂岩主要以构造透镜体产出，边缘为劈理包围，劈理呈缓波状（示挤压）。砂岩层强烈透镜体化，呈串珠状分布。显示强烈挤压性质，推覆方向北西到南东。

该断层在小坝一带也有出露，上盘为阳新组灰黑色中层灰岩，内部有泥炭质细纹层。下盘为马鞍塘组黄灰色团块灰岩。该断裂显示表现出多期活动的特点，如图 3-15。北侧断层先发育，断层面附近强烈劈理化，有断层碎粉发育。也发育构造透镜体，透镜体为灰岩，周围强劈理包围。后期活动的断裂发育在构造透镜体南侧，以发育"X"节理，劈理为特征。断裂下盘为灰岩混杂岩堆积，显示该断层发育时，距离地表很近甚至就在地表。

2. 杜家沟平移断层

该断层南东起马口。经杜家沟、火家沟至碓窝坪，区内出露长 3.3km，断层走向北西 $35°$，倾向北东，倾角 $65°$，上盘为 Py^2—Tj^2，下盘为 Pw—Tj^2，切穿了金花推覆体、Ⅲ层、Ⅳ层飞来峰。断层两侧岩石破碎，揉皱发育，北东盘向北西平移，南西盘向南东平移，地貌表现为明显的断层崖沟。

3. 堆窝坪向斜

分布于白溪到船头寺一带，卷入地层主要为三叠系飞仙关组—须家河组。轴线走向北东，枢纽产状 $330°∠30°$，两翼均倾向北西，倾角 $54°∼71°$。轴面倾向 $320°$，倾角 $70°$。向斜长 10km，宽 5km，为一同斜褶皱。

北部有北西向分支，即白溪口向斜。该向斜北东翼产状 $230°∠61°$，南西翼产状 $40°∠50°$。轴面产状 $40°∠70°$，向斜长 5km，宽 2km，为一宽缓褶皱。

总体来看，飞来峰下伏系统（主体为小坝—金花推覆体）是在强烈挤压环境下形成。断层倾向北西，具有叠瓦式冲断特征。从活动时间看，该推覆体应该是印支期就已经形成，但是在喜马拉雅期有过活动。有明显的受两期变形：第一期强烈，为北西向南东的推覆，使得岩层褶皱冲断，形成堆窝坪倒转向斜；第二期弱，北东向南西走滑，改造了窝坪向斜使之产生北东和南西两个轴线。

3.3.4　滑动面特征

任何滑动构造必须能识别出滑动断裂面。断裂面可以是由一两条主要断层组成，也可以是由一组断裂构成。它们显然在有些部位是切层的，但很多部位上往往是顺层滑动的。并且它们固定地沿着地层当中的某一软弱层发育。

前已述及，清平飞来峰的滑动面平面上具有类似唐王寨飞来峰的"U"形分布特征，剖面上整体平缓，表现为凹面朝上的勺形，在此不再累述。

其主要润滑层为泥盆系观雾山组泥页岩、三叠系飞仙关组泥岩。这些能干层之间的软弱层为断层的发育、发展提供了较好的条件。

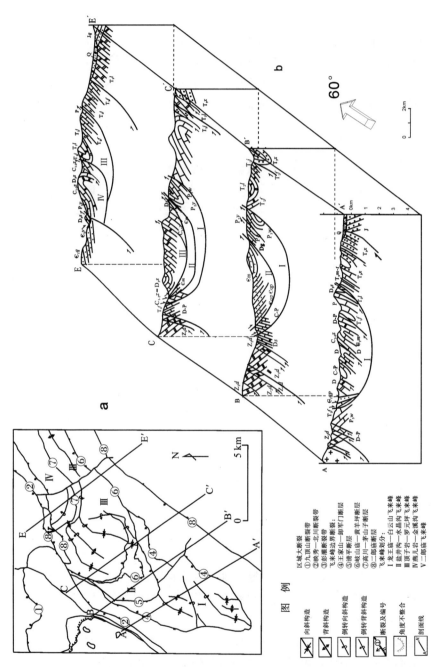

图3-16　龙门山清平飞来峰构造简图

第4章　清平飞来峰的特征及对比研究

4.1　飞来峰成因类型

4.1.1　类型划分

前已述及，传统意义上的飞来峰是指推覆体受侵蚀后的残留部分，因此它只包含"推覆"这种成因。按照第 3 章的讨论，飞来峰的含义不止这些，除了推覆，还包括滑覆以及倒转褶皱成因。图 4-1 显示推覆与滑覆的动力学模式。这些因素必将影响飞来峰的类型划分。针对这种情况，本书尝试从这个定义出发，对飞来峰进行类型划分。

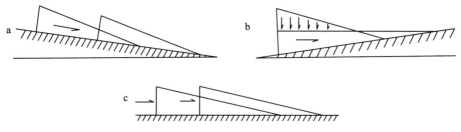

图 4-1　推覆与滑覆的动力学模式(朱志澄，1989)
a. 重力滑动模式；b. 重力扩展模式；c. 挤压推覆模式

朱志澄于 1991 年在《逆冲推覆构造》中指出，重力滑覆体侵蚀后可以形成类似推覆构造中的飞来峰式构造。这种重力滑覆中的孤立岩片，称之为滑来峰。滑来峰的特点是被正断层圈闭的较年轻地层岩片残存于较老地层之上。与飞来峰比较，内部变形相对较弱。在滑覆中也可因侵蚀形成类似推覆体中的构造窗，称之为滑覆构造窗。滑覆构造窗的特点是被正断层围闭的较老地层出露于较年轻地层之中。

然而多数地质学家似乎更习惯于使用飞来峰来统称这些孤立的推覆体和滑覆体，吴山、赵兵、石绍清、马永旺等都以飞来峰来定名龙门山前的一系列滑覆体。石绍清于 1994 年研究彭县飞来峰时就将彭县大小数十个飞来峰按成因分类：一部分飞来峰属挤压机制下的逆冲推覆体(简称推覆体)，一部分飞来峰属拉张机制作用下的重力滑动滑覆体(简称滑覆体)。

因此,笔者认为应该对飞来峰及其相关构造进行厘定,根据前述的飞来峰的定义,我们倾向于以"飞来峰"来统称各种成因的孤立岩块。

对于单体飞来峰,以其成因机制,将飞来峰划分为推来峰和滑来峰,这里推来峰表示传统意义上的飞来峰,即由推覆作用形成的飞来峰,并以"推来峰"与统称各种孤立岩块的"飞来峰"相区别。而滑来峰表示由重力滑动形成的飞来峰,借用了朱志澄关于"滑来峰"的定义。对于 Spencer 定义"上冲断块、推覆体或者平卧褶皱的侵蚀残山"中,增加的平卧褶皱这种成因类型,笔者认为平卧褶皱本身也是推覆体或者滑覆体前缘的挤压环境的产物,可不单独列出。

对于"多层楼"的飞来峰,即有多个单体飞来峰叠合而成的飞来峰,则统称为叠覆式飞来峰,无论其是推覆还是滑覆成因。

对于进一步的分类,推来峰有其本身构造特征以及多种组合方式,这里暂不做进一步划分。

关于滑来峰的分类,马杏垣和索书田(1984)将嵩山重力滑动构造中滑面(断层)组合形式概括为两大类型:滑片型和滑褶型。滑褶型以斜歪-倒转褶皱为主,常伴有逆冲断层。滑片型以缓倾断层和被其分割的岩片相互叠置为特色。朱志澄在此基础上又增加了鄂东南一带的重力滑覆中见到的滑块型构造。由组合性断层及其切割的断块构成,主要见于侏罗山式-类侏罗山式褶皱构成的滑动系统中,断层组合成对冲式、背冲式、地堑槽式、正-逆槽式,正逆拱式等断层。

我们借鉴马杏垣、朱志澄的分类来进行进一步划分,但其中意义稍微有所不同。

1. 滑褶式滑来峰

滑褶式滑来峰是指其内部保存有较完整的褶皱构造形态的飞来峰。它由一系列复杂的褶皱组成,但褶皱轴面定向明显倾向后缘。其中透入性褶皱多为滑动前已经形成的先存褶皱,出现于飞来峰前部和底部的局部褶皱,多是在滑动过程中新生的褶皱或牵引形成的褶皱(林茂炳,1994)。

滑褶式飞来峰是龙门山中段飞来峰的主要类型,它包括尖峰顶、棺木崖、大渔洞—七间房、雄黄岩等飞来峰。这类飞来峰单个规模均较大,分布规律和定向性好,内部常发育一系列相间平行排列的小规模的背、向斜构造。单个飞来峰的长轴和内部构造线一致,均呈北东—北东东向展布,数个该类飞来峰常组合呈北东向排列,内部构造线方位和构造样式相似并有断续相接的趋势。

滑褶式飞来峰的前缘和中部,构造样式以倒转、斜歪、平卧褶皱为主,褶曲轴面定向组合成一致北西倾的叠瓦状构造。飞来峰前缘表现为强烈挤压形成的褶断带(图4-2),中部表现为剪切作用形成的叠瓦状褶皱带,后缘则表现为拉张作用形成的张性构造带。前缘和中部以塑性变形的褶皱作用为主，应变强；后缘则以脆性变形为主，发育正断层、张-张剪节理，应变弱。由前缘至后缘变形逐渐趋于减弱，后缘拉张作用形成的伸展构造替代了前缘的挤压性构造。

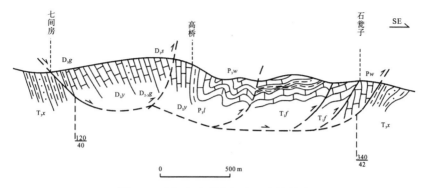

图 4-2 龙门山中段七间房飞来峰构造

2. 滑块（片）式滑来峰

这里滑块式与滑片式指的是同一类飞来峰，与朱志澄的定义不同，其意义也有所不同。滑块（片）式飞来峰是指其内部地层呈直立或单斜形式，或呈断块、断片形式存在的飞来峰（图 4-3）。分布于天台山、白鹿顶、塘坝子、深溪沟—龙溪等地的飞来峰，属于这一类型的飞来峰，单个规模不大，但数量众多。这类飞来峰多由成层性差、强度大的石炭系、下二叠统地层组成，无论是其内部变形还是滑动面，均以强烈的脆性变形为主。飞来峰内部发育大量张、张剪性断层，但规模小、定向性差；在飞来峰底部常发育构造角砾岩，如塘坝子飞来峰下部发育厚达数十至数百米的构造角砾岩带（席），并自下而上破碎强度逐渐减弱，由碎粒岩过渡为构造角砾岩、破裂岩。由于这类飞来峰破碎程度高，

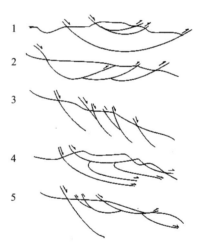

图 4-3 滑动系统滑片式构造
（据马杏垣等，1984）

1. 平行重叠式；2. 入字型上叠式；
3. 旋滑片式；4. 上覆前叠式；5. 倒序上叠式

在重力作用下可进一步崩塌而解体，形成散落在"母体"周围的星散状飞来峰（次生滑塌体）。

3. 叠覆式飞来峰

叠覆式飞来峰系指经数次滑覆或者推覆作用所形成的多个飞来峰在垂向上叠合在一起所形成的飞来峰复合体。典型的代表是龙门山南段金台山飞来峰，它具有明显的多层叠置特征(图 4-4)，由下到上至少可以划分出三层，各层飞来峰间以断层相分隔。其下飞来峰体由二叠系灰岩、玄武岩及下三叠统飞仙关组紫红色砂岩组成，属于滑褶式滑来峰。它总体呈一个倒转背斜和向斜，褶皱轴面倾向北西，走向北东；褶皱被断层破坏而残缺不全。中飞来峰体主要由志留系白沙组、秀山组，泥盆系平驿铺组、甘溪组、养马坝组、观雾山组组成，属于滑块式飞来峰；由北向南，飞来峰内部地层递次由老到新，构成一陡倾斜的单斜构造，以顺层或层间滑动构造显著为主要特征。上飞来峰体主要由志留系罗惹坪组页岩、泥盆系中厚层灰质白云岩、灰岩组成，属于滑褶式飞来峰；飞来峰体底部主滑动面总体形态呈微向南东倾的波状起伏面，倾角较缓，与上覆岩层产状接近一致；上飞来峰体由志留系及泥盆系构成一系列形态开阔的背、向斜构造。总体来说飞来峰具有前缘挤压、后缘伸展拉伸的特点，褶皱构造较中南段复杂，不再是单一的向斜构造；褶皱的轴面既有向北西倾斜的，也有向南东倾斜的。叠覆式飞来峰所具有的三层结构，可与中段和中南段的叠覆式飞来峰相对比，暗示三次滑覆作用。

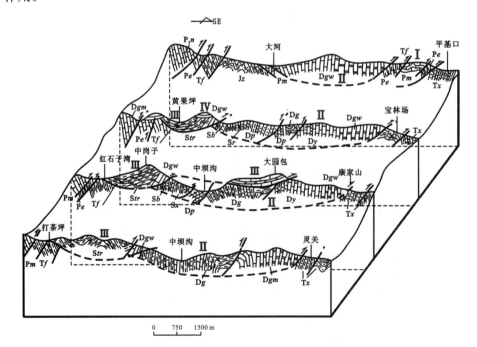

图 4-4　龙门山南段金台山叠覆式飞来峰多层结构(据侯建勇和林茂炳，1993)

4.1.2　推来峰与滑来峰的鉴别

在这里我们仍然借助推覆与滑覆的对比和鉴别的标志进行飞来峰的划分，然后再根据其中的构造特征进行进一步划分。

早在 20 世纪 60 年代，L. U. 狄塞特尔认为重力滑动的证据包括：适当的斜坡；冲断层基底面在冲断体后部向下倾伏；大型岩体的倒转位置，特别是未受压榨式或未受另外的使厚度减薄的构造作用的大型岩体的倒置位置，是具有滑动性质的搬运机制的强有力证据；混乱的或者甚至几何形态消失的构造一般可以作为滑动作用的标志；在小型滑动构造内，构造的侧向拉长往往是小的并且是与周围没有联系的。而冲断层构造内则相反。

马杏垣、索书田、朱志澄等结合实际工作，进一步研究认为应该从以下几个方面进行推覆与滑覆的对比和鉴别。

(1)挤压推覆整体处于挤压状态，自根带至锋带均表现为压缩形变，在一定程度上根带的挤压强度甚至大于中带或锋带的挤压强度。而重力滑动作用引起的滑覆变形，由根带到锋带，由拉伸转化为挤压，挤压强度趋向锋带增大(图 4-5)。

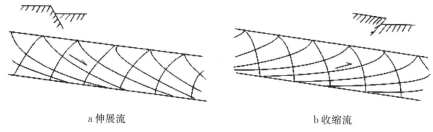

a 伸展流　　　　　　　　　　　　　　b 收缩流

图 4-5　倾斜层状介质在重力作用下产生的滑移线场(据 Nye，1985)

(2)挤压推覆过程中的变形结构，主要表现为水平挤压引起的垂向伸长。重力滑覆中的变形结构，常常表现为垂向压扁。

(3)挤压推覆根带产状倾向后缘，由中低变陡而后下插。重力滑覆的根带往往变缓而上升，倾向前锋。

(4)挤压推覆中主逆冲断层面，或为台阶式，或成平滑弧形，总体倾向根带。而重力滑覆中的主滑面断层，一般呈犁式，倾向前缘。

(5)挤压推覆体中往往是老地层推覆到年轻地层之上；而在重力滑动中，可以是老地层盖在年轻地层之上，也可以是年轻地层盖在老地层之上。滑覆过程中，常常造成部分地层缺失导致构造剥蚀(tectonic denudation)。

(6)推覆体中地层关系的规律性或连续性较滑覆体中相对容易恢复。滑覆中的地层关系常常十分混乱而不连续，难以恢复。滑覆中的滑动系统为自由滑落，不同部分的运动可以彼此无关。最年轻的地层往往最先下滑，然而较老地层相继滑动，并盖在先滑岩层之上，形成倒序叠置（diverticulation），但每一滑动岩席内部的层仍保持正常顺序（图4-6）。

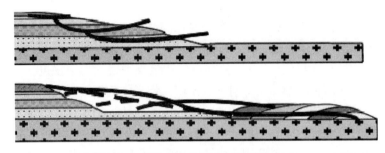

图4-6　重力滑覆产生的滑动岩席倒序叠置现象（据Cooper，1981）

（岩席内部地层层序正常，各岩席运移路线交叉）

（7）挤压推覆过程中形成的褶皱以倒转至平卧背斜为主，倒转翼常变薄拉断。滑覆过程中形成的褶皱，下翼或倒转翼往往保存完整。滑覆中的翻卷平卧向斜也是重力滑动的特征之一（图4-7）。

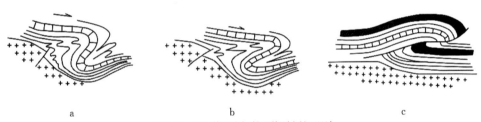

图4-7　滑覆褶皱与推覆褶皱的区别

a、b. 滑覆褶皱；c. 推覆褶皱

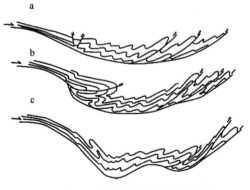

图4-8　滑动系统褶皱组合形式

（据马杏垣等，1984）

除了以上标志，滑动系统中的褶皱组合形式也是判断滑覆的重要手段。各种褶皱在滑动系统中的组合情况有三种形式（图4-8）：①向一个方向倾倒的连续褶皱带。从斜歪直到平卧，构成了重力褶皱的典型特征。褶皱形态的变化规律是后部褶皱比较开阔、发育正断层系、向前褶皱愈来愈紧闭、发育逆断层系。②后根部发育翻卷的褶皱带。剖面上可分为三个亚带，即后部的翻褶或叠褶带，有弧面正断层发育；中部开阔褶皱带，轴面向同一个方向倾倒；前缘复杂褶皱带，有弧面逆断层发育。③后根部发育下滑反褶的褶皱带，后根部的下滑反褶与主滑面呈逆牵引或反牵引关系。三种褶皱形式的共同特点是：它们与主滑面的组合，可以反映滑动系统是由隆起区向凹陷区、从背斜转折端向向斜槽部的统一运动方向；以及后根部位的拉伸和前缘的压缩应变状态。

吴山研究龙门山唐王寨飞来峰时，总结了推覆体与滑覆体主要特征的判别标志，在前人总结的基础上强调了其中断层面的应变特征，增加了滑覆的旋转性以及自由滑落特征（表 4-1）。由此可见对滑覆与推覆的鉴别是清晰和丰富的，而且前后观点基本一致。

表 4-1 推覆体与滑覆体主要特征对比（据吴山和林茂柄，1991）

特　征　＼　类　型	推覆体	重力滑覆体
滑脱面形态及运动性质	铲式逆冲断层，倾向与岩席运动方向相反	铲式正断层与前缘反向逆冲断层的组合（勺状），岩席运动与总倾向相同，可具旋转性质
滑脱面上、下变形特征	挤压缩短（褶皱或次级冲断层），应变 AB 面倾向后推力源方向	前缘挤压，后部拉伸，中部变形较弱，各部应变类型不同。下伏系统变形集中于滑脱层
滑脱面变形行为	可由浅层脆性剪切向深层次韧性剪切	多为浅层（表层），脆性为主
岩席与下伏系统的时代关系	通常老岩层推覆于新岩层之上	不同岩席自由滑落，可彼此无关，可呈倒序堆积

4.2 清平飞来峰的构造特征

第 3 章已经根据清平飞来峰的地质特点，将其划分为五层（图 3-16，图 4-9）。结合以上对飞来峰的成因分类，以及各种飞来峰的特点，这里侧重对清平飞来峰各个峰体的构造特征进行研究，以确定其成因类型。

4.2.1 龙王庙—白云山飞来峰（Ⅰ层）

1. 边界断裂（底滑面）特征

龙王庙—白云山飞来峰底滑面为王家山—卸军门断层，在飞来峰的北西（后缘）和南东（前缘）具有不同的构造变形特征。

王家山—卸军门断层的后缘在红岩子一带表现为强烈挤压。断层下盘为二叠系阳新组灰岩，上盘为寒武系清平组一段灰黑色含磷粉砂岩，断裂带宽 40～50m，断层面倾向多变，有的向北西倾，倾向 265°～350°，倾角 66°～85°，有的向南东倾，倾向 105°～125°，倾角 65°～85°，构造变形带宽 50～100m，小构造具有分带性，带内有辉绿岩脉的侵入，炭化强烈，分析该断层由于邻近映秀断裂，受其改造明显，断层形态发生变化是正常的，由于各部分受力不均，致使断面呈"S"形，产状变化多样。图 4-10、附图 15 显示了断层附近的挤压褶皱。

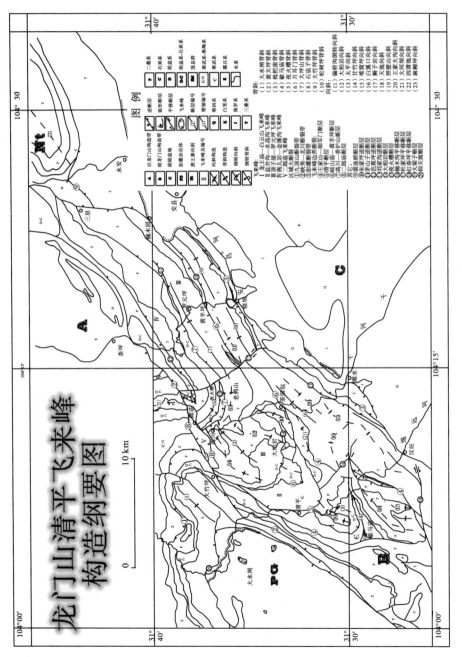

图4-9　龙门山清平飞来峰构造纲要图

　　该断层虽倾向南东，但构造显示上盘向南东滑动，且挤压变形强烈。断层上盘呈向斜，地表出露主要为向斜的南东翼，岩层倾向北西，倾角较大，甚至倒转。下盘为一系列倒转的 Ds-P 地层，倾向北西，相对变形较上盘弱。

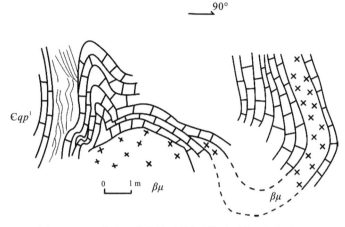

图 4-10　王家山—卸军门断层后缘强烈挤压褶皱构造

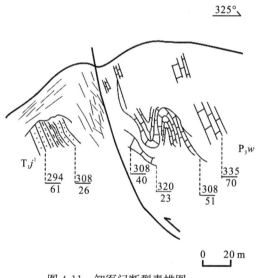

　　前缘卸军门断层的上盘吴家坪组灰岩变形强烈，发育一系列紧闭褶皱，褶皱显示北西向南东挤压，推覆特征明显（图 4-11，附图 3）。该断层下盘为 Tj 浅黄色薄-中层砂岩、粉砂岩，夹紫红色粉砂质泥岩。上盘为 Pw 黑灰色中-厚层状泥晶灰岩，近断层处有强烈变形，发育紧闭的断层相关褶皱，褶皱轴面倾向北西，背斜南东翼陡倾或者倒转，显示北西向南东的挤压作用。

图 4-11　卸军门断裂素描图

2. 飞来峰内部变形特征

　　图 4-12 显示龙王庙—白云山飞来峰内部变形特征。飞来峰内部表现为一系列不对称的倒转褶皱。其中背斜北西翼缓南东翼陡乃至倒转，向斜的北西翼陡乃至倒转，南东翼缓，二者轴面均倾向北西，相间排列，波浪式涌向南东。分析飞来峰内部以北西向南东的挤压作用为主。

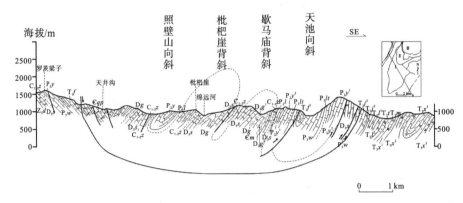

图 4-12　Ⅰ层飞来峰变形特征

典型构造如下所示。

1)天池向斜

位于飞来峰东南部,为一北东向大型向斜与北北东向向斜的复合。主体向斜核部为三叠系飞仙关组,自飞仙关组一至四段均有出露,分布于天池—高家坪以及狮子岩北西一带,两翼地层为Є—P,南翼相对平缓正常,以二叠系阳新组、吴家坪组为主,倾角多为 32°～50°,倾向北西,向斜北西翼出露完整,卷入地层较多,Є—P 均有出露,产状也较陡,倾角近核部较陡,81°左右,局部有地层倒转,向北西方向渐渐变缓,36°～46°,倾向南东显示北西向南东挤压的特点。向斜向南西白云山方向渐渐扬起,并在南端构造方向偏转为近南北向。北东扬起端虽然为北东向断层复杂化,但整体形貌仍旧保存,向拐拐林方向扬起,受北西向挤压影响,扬起端的北西翼地层倒转,倾向北西。向斜长 9.4km,长宽比为3.6。分支的狮子岩向斜特征与主体向斜相似,卷入地层 Py^1—Tf^4。也有西翼陡,东翼缓特征,长 8km,长宽比为 1.2,显示北西向南东的挤压。

2)照壁山向斜

飞来峰的西北部主要发育北北东向照壁山向斜,枇杷崖背斜构造,与东南部相比较更为复杂。其中照壁山向斜为该飞来峰中最大的褶皱,卷入地层 D—P,长 4.4km,宽 1.9km,长宽比 2.3。该向斜出露仅为其一段,其北段被上覆盐井沟—水晶沟飞来峰压盖。向斜北段走向北东,在瓦窑坡一带向南偏转,呈北北东走向,向斜北西翼倾向 105°,南东翼倾向 295°,倾角 40°～60°,枢纽产状 210°∠30°,轴面倾向 295°∠50°～80°。向斜在北部紧闭,两翼均倾向北西,南东翼倒转,至洞山一带又转为正常,北西翼倾向南东,南东翼倾向北西,于照壁山一带核部陡角度仰起,向外侧则扬起角度变缓,达 25°～34°。向斜总体显示自西向东的挤压变形,不同位置显示不同特征,表现出扭曲变形的特征。

3)枇杷崖背斜

枇杷崖背斜构造轴向也有偏转,自北向南褶皱轴向由北北西转向北北东,背斜长 1.8km，宽近 1km，长宽长 1.8。整体呈凸向东的弧形，北西翼缓（229°∠45°），南东翼陡，乃至倒转（212°∠50°），显示自北西向南东的挤压（图 4-13，附图 10）。

4）歇马庙背斜

Ⅰ层飞来峰中的西部歇马庙背斜限于南侧天池向斜及北侧照壁山向斜之间。褶皱轴向北东东，背斜西段为王家山—卸军门断裂所截，向东延伸至王家沟一带，长 5.1km，宽 1.4km，长宽比 3.6，背斜卷入地层 Z—P，核部为灯影组三段灰色厚层白云岩，主要分布于歇马庙一带，北翼 46°～73°，南翼倒转，倾角 46°～65°，表现为同斜褶皱，显示自北西向南东的挤压。

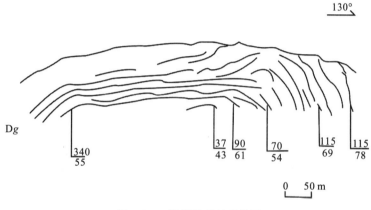

图 4-13　枇杷崖背斜素描图

3. 小结

通过野外调查分析，认为王家山断层为早期推覆体的主滑面，原始产状平缓或向北西缓倾。后来由于后龙门山推覆体的隆升及映秀—北川断裂的影响，断层及上下盘岩层上升翘起，遭受剥蚀，使得断面倾向南东，自北西向南东逆冲的映秀断裂从其下部穿过飞来峰边缘，强烈改造了边界断裂的构造形貌。并且伴随映秀断裂的活动，王家山—卸军门断层也有活动，ESR 测年显示后缘断裂活动年龄 0.66Ma。

总体来看，①Ⅰ层（龙王庙—白云山）飞来峰自后缘到前缘均处于挤压状态，表现为压缩形变，具有典型推覆构造特征；②从褶皱组合看，飞来峰内部构造类型以不对称的倒转褶皱为主，西缓东陡的褶皱背斜两翼与西陡东缓的向斜相间排列，波浪式涌向南东，显示为北西—南东向的挤压，具有典型的推覆体特征；③根据红岩子剖面分析，Ⅰ层飞来峰运动方向为北西到南东，若复原底滑面，该滑面为倾向北西的缓倾断层，倾向与岩席运动方向相反，为推覆体的典型特征。

根据上述分析，该飞来峰属于挤压应力下形成的推来峰。

4.2.2　盐井沟—水晶沟飞来峰(Ⅱ层)

1. 边界断裂特征

盐井沟—水晶沟飞来峰的边界断层为清平断层。该断层后缘具有明显的挤压特征，并且具有多期活动的特点。

该断层在红岩子有较好出露(图4-14，附图11)，断层上盘为清平组三段灰黑色薄层灰岩及页岩，下盘为侵入的辉绿岩脉以及清平组二段黑色含磷页岩。断面呈凹面朝上的弧形，倾向南东。上盘发育一系列褶皱，主要为两个紧闭背斜，背斜北西翼缓，南东翼陡。根据调查分析，该断层至少存在两期活动：第一期受北西向南东的推挤，形成逆冲断层及两个紧闭背斜；第二期，受到映秀断裂的影响，逆冲断层的后缘抬升上弯，抬起部分受到风化剥蚀。值得注意的是，该逆冲断层切割了早期侵入的辉绿岩脉，说明推覆构造形成于辉绿岩脉侵入之后。

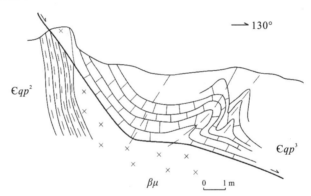

图4-14　红岩子的清平断层后缘素描图

断层在西南端的蔡家沟一带也有较为清楚的出露(图4-15)。断层上盘为清平组三段灰黑色薄层灰岩，产状 $125°\angle85°$；下盘为阳新组青灰色中-厚层灰岩，变形微弱，产状 $265°\angle26°$。在蔡家沟内，断层上盘见有小的层间小揉皱发育(图4-16)，局部见重结晶而使矿物颗粒增大，总体显示由北西向南东的挤压。

在蔡家沟口南侧，厚层阳新灰岩中的揉皱显示有自北向南的挤压(图4-18)。由以上观察分析该断层有自北向南低角度推覆特征(图4-17)。蔡家沟自沟口向沟内，断层显示位置由高变低，显示凹面向上的弧形断层特征。在蔡家北沟中见不同程度的变形，越向沟口变形越强烈。由此我们分析该断层自北西向南东推覆，清平一带的绵远河谷是该断层的西缘，受边界拖曳变形或后期叠加向西向东应力作用下，西部变形强烈。

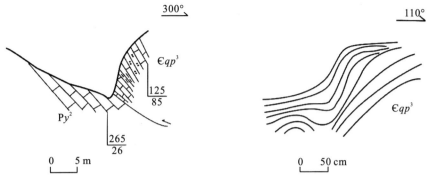

图 4-15　蔡家沟内部清平断层素描图　　　图 4-16　蔡家沟清平断层上盘中的层间变形

（指示北西向南西的挤压）

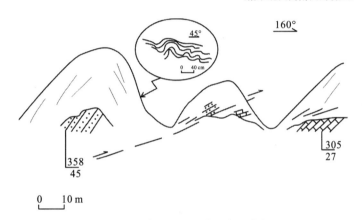

图 4-17　蔡家沟口的清平断层素描

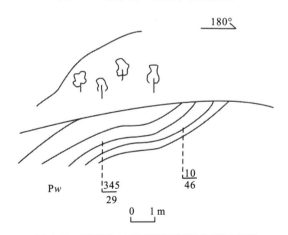

图 4-18　蔡家沟口清平断层断下盘岩层变形

蔡家沟一带是清平断层转向北东东的地段，断层倾向北东，倾角 40°。根据出露地质情况综合分析，断层在西部东倾，又根据 1∶5 万区调资料，该断层在东部向北北西倾向。由此可知该断层断面呈上凹勺形。

盐井沟—水晶沟飞来峰的前缘断裂特征可以从图 4-19 和图 4-25 所展示的两条剖面进行认识。从剖面中看，盐井沟-水晶沟飞来峰的前缘断裂下伏的 D—P 地层表现为一个倒转的向斜，即大河坝向斜。该向斜南东翼倾向北西，倾角 43°。北西翼倒转，也倾向北西，倾角 48°~53°相对平缓，北西翼陡乃至倒转，轴面倾向北西。向斜狭长，轴迹走向北东，与清平断层南东段平行，长 6km，宽 1.5km。我们分析该向斜是下伏的 I 层飞来峰地层在清平断层挤压下形成的。因此，我们认为清平断层前缘也表现为挤压特征。

2. 内部变形特征

该层飞来峰内部构造变形相对简单（图 4-19），在飞来峰西部主要发育以倾向北东东为主的单斜岩层，南西端则以倾向北东，北北东为主，到东部则以倾向北北西的岩层为主，岩层倾角 36°~56°，整体表现为一个宽缓向斜。岩石地层较单一，由清平组三段灰色薄-中层泥质粉砂岩，粉砂质泥岩，灰黄色中-厚层粉砂岩和磨刀垭组灰色块状中-细粒砂岩，粉砂岩组成。

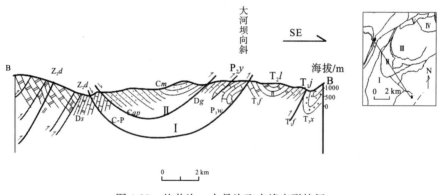

图 4-19　盐井沟—水晶沟飞来峰变形特征

3. 小结

盐井沟—水晶沟飞来峰前缘、后缘断裂均表现为强烈挤压，具备推覆体特征。后缘断裂虽然受到后期叠加影响，但分析其构造认为仍然是挤压应力的构造响应；从前缘断裂前方 I 层飞来峰形成的倒转向斜显示清平断层前缘的挤压特征。

从蔡家北沟中可见不同程度的变形，从南东至北西，越向沟口（北西）变形越强烈。也就是说，Ⅱ 层飞来峰后缘变形强，向中部则变形弱。飞来峰内部构造简单，为一系列近似单斜的构造，受 Ⅲ 层飞来峰影响形成宽缓向斜。这种变形强度分布特征与推覆体变形特征一致。

由此，我们认为该飞来峰体也是挤压作用下的推来峰。

4.2.3　顶子崖—罗元坪飞来峰（Ⅲ层）

1. 边界断裂特征

　　顶子崖—罗元坪飞来峰的边界断裂为岐山庙—黄羊坪断层，后缘为映秀—北川断裂所截。该飞来峰西部侧缘，据四川省地质局化探队研究，破裂带宽10m，内有碎裂岩，拖拉褶皱发育。在其上部发育大柏岩次级断裂，断层宽20m，同样具有碎裂岩和拖拉褶皱，这应该是岩块在运动中侧缘受重力、摩擦等应力不均造成的。

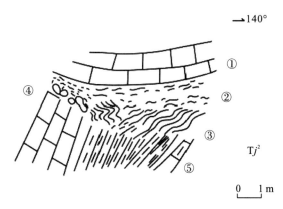

图 4-20　大坪山南西断层素描图

　　岐山庙—黄羊坪断层东南段（茶园包—楠木园一带）为飞来峰前缘断裂，表现为大范围长距离推覆运动。断层走向北东，与这一带的岩层走向方向一致，表明具有内在的成因联系。

　　晓坝—茶坪剖面的黄羊坪断层前缘 1km 处发现了近水平的断层（见第 3 章图 3-5，附图 5、6），分析认为是岐山庙—黄羊坪断层的前缘部分。由平缓的断层面推测该飞来峰经历了远距离的推移。结合黄羊坪断层及该处断层显示特征看，认为该黄羊坪断层具有舒缓波状特征。

　　断层上下盘均为嘉陵江组二段黄灰色微晶白云岩夹紫红色泥岩，露头断层接触面上盘主要为厚层-块状微晶白云岩。下盘南部为紫红色泥岩，北部为灰色灰岩。由此，断裂在不同部位显示出不同的内部特征（图 4-20）。

　　在南部从上到下分别为：

　　①黄灰色厚层-块状膏溶角砾岩，岩层完整，平缓，变形不强烈。但越是近断层面，微型溶孔越发育，溶孔直径 1～3mm，显示溶蚀前破碎严重程度。

　　② 断层泥带，宽 50cm，为主断面通过位置，断层泥物质主要由上盘灰岩以及下盘紫红色泥岩，强烈挤压磨碎致碎裂泥化，近断面 10～15cm 断层泥颜色偏黄，物质来源以白云岩为主，已经重新固结。以下颜色偏红，物质来源以紫红色泥岩为主，该带不显层理，但具近水平定向性。

　　③角砾、揉皱-劈理化带。宽度近 1m，不同岩性中表现不同特征，在紫红色泥岩段⑤上部以强烈揉皱为特点。而在灰岩段④上部以构造碎粉、构造角砾为主。

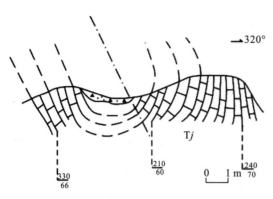

图 4-21　大坪山西南断下盘同斜褶皱

断层对下伏岩层也有强烈改造作用，图 4-21 显示了该断层断下盘的同斜褶皱，该褶皱岩层主要为黄灰色薄－中－厚层泥质灰岩，沿路自南向北，产状规律性变化，从南翼的 330°∠66° 逐渐过渡为 210°∠50° 以及 340°∠70°。由产状及岩层所处的区域形变特征分析，此处为一向斜的转折端。向斜的核部剥蚀强烈，呈负地形，而且被第四系所覆盖。由于褶皱北翼外部岩层产状与南翼相似，分析该向斜为一紧闭的向斜，枢纽倾向近似向北。

据上述分析，断层在前缘表现为挤压变形的特征。应力方向为北西—南东。

黄羊坪断层（附图 4）在黄羊坪以北未见直接露头，依据断层两侧岩性差异及地形判断，断层北侧为嘉陵江组一段黄灰色厚层，块状灰岩，南侧为飞仙关组四段紫红色粉砂及泥岩，地形上陡缓分异，从灰岩中相关褶皱判断该断层为北向南推覆，据地形地貌推断断层倾角 39°，倾向北北西。河流右侧见灰岩中次级断裂及相关褶皱（图 4-22，附图 13），褶皱的南翼产状 143°∠85°，北翼 15°∠46°，位于次级断裂南之下。破碎带宽 1m，碎粒－角砾岩带透镜体长 7～10cm，宽 2～3cm，透镜状，压磨光滑，挤压强烈。灰岩中主要发育两组节理垂向层面的一组最为发育与层面缓交的一组次之。断面产状 20°∠60°。

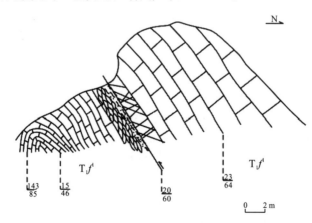

图 4-22　黄羊坪断层中的次级断裂素描图

2. 变形特征

顶子崖—罗元坪飞来峰构造以一个大型受后期改造的向斜为主(图 4-28)，到西部分为两支，即太平向斜。该向斜在西部有分支，即甘竹坪向斜和大柏岩向斜，二者在近上层飞来峰处表现为两条北东向同斜褶皱，倾向北西(图 4-23)；在远离上层飞来峰的南部，则表现为宽缓向斜(图 4-25)。太平向斜的主体老鸦山在老鸦山以东被倾向北东的杜家沟平移逆冲断层所截，在该断层的东部仅出露向斜的东翼。

典型构造如下所示。

1)太平向斜

在西北端有两个分支，即西部的甘竹坪向斜和相邻的大柏岩向斜，二者之间为黄天平背斜。太平向斜总体表现为一复式向斜。该向斜整体呈反"S"形，在老鸦山一带呈弧形，弧顶指向南西。东部平直，其间被杜家沟平移断层错开。

向斜核部为三叠系雷口坡组浅灰—黄色厚层块状微晶白云岩，分布于老鸦山一带，轴向北东东，翼部最老的地层为二叠系阳新组，主要分布于向斜南翼天台山以及楠木园一带。

向斜在老鸦山一带表现为两翼倾向一致，南东翼正常，倾角 40°～56°，北西翼倒转，倾角 43°。杜家沟平移断层以东，西帮安—楠木园一带只出露南东翼，倾角相对较缓，且发育平缓的次级褶皱，如大坪山背斜。

在老鸦山北西高川一带，向斜宽度小。在此处向斜北东翼的飞仙关组紫红色粉砂岩中见波痕(附图 2)，指示该处向斜的北东翼地层正常。

太平向斜在高川西部分支，即甘竹坪向斜，卷入地层 D—T，核部最新地层为三叠系飞仙关组，翼部最老地层为泥盆系沙窝子组，向斜两翼岩层产状变化较大，在向斜的北东段，北西翼岩层倒转，倾向北西，倾角 34°～57°，向南西延伸，轴向转向北北东时两翼产状正常，北西翼 13°∠50°，南东翼产状 324°∠57°。

根据以上分析，太平向斜现今的形态应是受上层(Ⅳ)飞来峰的影响所致：

(1)向斜在老鸦山一带构造轴迹与Ⅳ层飞来峰褶皱及边界断裂一致，均为向南西凸出的弧形。向东到楠木园一带为北东走向，也与Ⅳ层飞来峰构造方向一致。

(2)太平向斜在Ⅳ层飞来峰前缘表现为倒转向斜，而在侧缘两翼产状正常。在西部Ⅴ层飞来峰前缘又倒转，Ⅴ层飞来峰以西，甘竹坪向斜的南西段又表现为正常的宽缓向斜。根据向斜倒转部分判断的受力方向与上覆飞来峰的运动方向一致(图 4-23)。

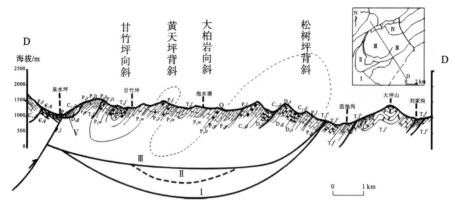

图 4-23　顶子崖—罗元坪飞来峰变形特征

　　由此分析，太平向斜原始状态应为一个宽缓的向斜，两翼产状正常。后期有两期变形：第一次在Ⅳ层飞来峰就位时，向斜北西翼被挤压倒转，向斜西端因为受力不同，外侧岩层拖拽形成弧形。第二次在Ⅴ层飞来峰就位时候，形成了甘竹坪向斜北段的倒转，以及其南东的黄天坪背斜，大柏岩向斜次级褶皱北段的倒转。

　　2）大柏岩向斜

　　为太平向斜西南分支。该向斜在北部茅香坪—鸭子咀一带，北西翼倒转，倾向北西，倾角 42°~48°，南东翼也倾向北西，倾角 48°，为一同斜褶皱，到大坪山以南转为正常。大柏岩向斜南端被弧形的大柏岩断层切割，断层以南仍有 1km 左右的仰起端出露。

　　3）黄天平背斜

　　该向斜夹于大柏岩向斜及甘竹坪向斜之间，核部为二叠系阳新组，分布于大坪山一带，两翼主要为 P—T 岩层，同斜褶皱，枢纽倾向北西，南东翼倒转，倾向北西，倾角 42°，北西翼正常，倾向北西，倾角 42°。

　　4）松树坪背斜

　　在大柏岩向斜以东及南东，背斜轴面整体倾向北西，在松树坪以西为北北东向，到茶园包以西转向北东。背斜核部为泥盆系观雾山组。两翼岩层最新为二叠系，背斜南东翼直立及至倒转，倾向北西，倾角 44°~53°，北西翼正常，倾向北西，倾角 29°~56°。分析该背斜应为飞来峰前缘挤压应力下形成的不对称褶皱。

　　5）大坪山背斜

　　背斜东起核桃坪，经大坪山到西帮安，长约 10km，宽 1.2km。核部为嘉陵江组二段，两翼为嘉陵江组三段，轴线走向北东 40~45°，轴面近于直立，南东翼 180°∠30°，北西翼 305°∠25°，翼部还发育一些小的褶曲（附图 14）。

3. 小结

(1) Ⅲ层飞来峰底滑面为凹面向上的勺形，压盖于Ⅰ层、Ⅱ层推覆体及其后缘断裂之上，呈现滑覆体特征。

(2) 从褶皱组合形式看，原始状态的Ⅲ层飞来峰内部褶皱如图 4-25 所示，中后部以宽缓褶皱为主，从后缘到前缘，褶皱形态由开阔到紧闭，轴面由直立到向北西倾倒，构造变形逐渐强烈。

根据前述"褶皱显著的不对称和向一个方向的倾倒，从斜歪直到平卧，褶皱形态后部褶皱比较开阔、发育正断层系、向前褶皱愈来愈紧闭、发育逆断层系，构成了重力滑覆褶皱的典型特征"，故该层具有典型的滑覆特征。

图 4-23 显示Ⅲ层飞来峰西部北东一侧自北西—南东方向变形特征，主要特征与Ⅰ层飞来峰(图 4-12)相似，表现为轴面倾向北西的倒转褶皱相间排列，显示北西向南东的挤压，但根据上述研究分析，应为后期改造形成的倒转，即太平向斜是被后期叠加改造为复式向斜。图 4-24、图 4-25 显示相对接近飞来峰原始状态，中后部为宽缓的褶皱，而前缘为挤压褶皱，即松树坪背斜。

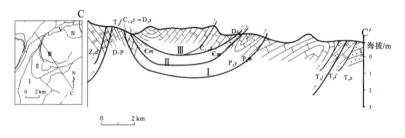

图 4-24　顶子崖—罗元坪飞来峰变形特征

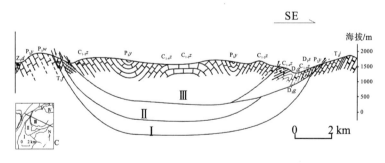

图 4-25　清平飞来峰Ⅲ层峰体内部变形特征

(3) 从变形程度看，从后缘到前缘，依次分布宽缓褶皱→次级断层＋倒转褶皱→强烈的挤压前缘断裂，显示了滑覆变形特征。

(4) 另外，飞来峰内部部分地段岩层节理发育、破碎严重、整体松散，附图

9 也显示了滑覆特征。

　　根据上述分析，判断该层飞来峰属于重力滑覆形成的滑来峰。鉴于峰体目前的紧闭的向斜是由于上部峰体改造的结果，推断飞来峰就位初期应该整体为一个向斜，具有宽缓的两翼、对称的地层关系。因此，判断该飞来峰为滑块式滑来峰。

4.2.4　燕儿岩—金溪沟飞来峰（Ⅳ层）

1. 边界断裂

　　Ⅳ层飞来峰边界为高川—香炉山断层，其后缘被映秀断裂所截，部分为二郎庙飞来峰压盖。

　　在高川以北转弯子、干河子、公路转弯处见到飞来峰西部侧缘高川-香炉山断层显示（图 4-26）。上盘为浅灰色中-厚层灰岩，产状 $44°\angle60°$，下盘为飞仙关组紫红色中-厚层泥质灰岩、粉砂岩，产状 $33°\angle50°$，内部发育紧闭褶皱。断裂破碎带为两带：①构造透镜体带宽 6m；②破裂-角砾岩带推测宽度 13m。下盘飞仙关组紫红色粉砂岩整体呈波浪状，内部夹的岩透镜体呈波浪排列的串珠状，这种挤压特征应是受Ⅳ层飞来峰的影响而成。

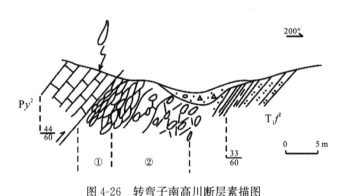

图 4-26　转弯子南高川断层素描图

　　飞来峰前缘断裂在罗元坪以北显示不清楚，依据岩性以及下伏岩层的微褶判断断层位置。

　　飞来峰北部边界被映秀断裂切割，而未见后缘断裂出露。根据下伏Ⅲ层飞来峰中紧闭褶皱（图 4-27）分析该断裂也是挤压的。

　　映秀断裂在本区表现为高陡上冲，切割了产状舒缓的高川—香炉山断层以及其之上的飞来峰后缘峰体。映秀断裂在该段倾向北西，倾角 $50°$。

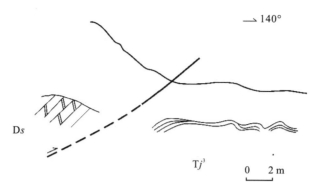

图 4-27　罗元金坪西北香炉山断层素描图式

2. 变形特征

整个飞来峰总体构造为一个轴向北东的向斜(图 4-28, 图 4-29)。向斜核部地层为三叠系飞仙关组, 分布于燕儿岩南部到园头山的狭长区域, 核部被走向北东、倾向北西的芭蕉坪断层切割, 断距北东大南西小, 在柏水沟一带向南西仰起。两翼地层泥盆系观雾山组到二叠系吴家坪组。产状上具有南东翼缓, 北西翼倒转陡倾的特点。两翼都倾向北西, 南翼倾角 30°~65°, 北西翼倾角则达 50°~72°。该向斜虽经断层改造, 整体形貌依然清楚。与之相邻的夜火槽背斜, 核部仅在夜火槽到二郎庙以南一带出露, 主要为泥盆系岩层, 狭长分布于飞来峰西南部, 呈凸向南西的弧形。两翼为石炭系总长沟组—二叠系吴家坪组, 产状两翼倾向, 倾角相似, 为同斜褶皱, 在这一区域两翼倾向北东, 倾角 27°~50°。在杜家沟平移逆冲断层东仅出露背斜的北西翼, 即向斜的南东翼, 倾向北北西, 倾角 47°~65°。

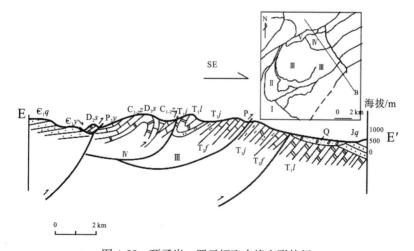

图 4-28　顶子崖—罗元坪飞来峰变形特征

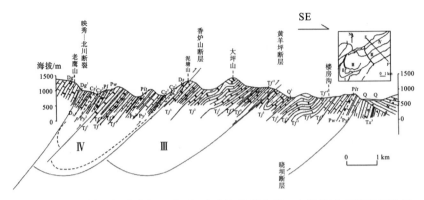

图 4-29　安县剖面中顶子崖—罗元坪飞来峰及燕儿岩—金溪沟飞来峰变形特征

3. 小结

　　该飞来峰整体以一个受映秀断裂改造的向斜为主。从该峰体西部向斜核部转折端变形分析，该向斜原来也是一个较为宽缓的向斜，变形不强烈。另外，从雎水剖面河安县剖面的地质调查中，该飞来峰体中常常看到类似塘坝子飞来峰的破灰岩(附图 17)，我们分析这种破灰岩是早期的推覆体自高处向下滑覆时，应力松弛，早先推覆体内密集的节理张开，岩层整体松散，故该破灰岩体现了滑覆特征。由此分析该飞来峰为滑块式滑来峰。

4.2.5　二郎庙飞来峰(Ⅴ层)

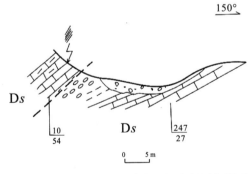

图 4-30　二郎庙东二郎庙断层素描图

　　边界断裂二郎庙—五郎庙断层前缘显示挤压特征。该断层二郎庙西南，干河子支流交汇处有出露(图 4-30)。断层上盘为黄灰色厚层泥灰岩以及青灰色厚层灰岩，产状 $10°\angle54°$。岩层间局部有劈理发育，平行断面分布，密度为 2~3 条/cm。下盘为浅灰色中-厚层微晶白云岩，产状 $247°\angle27°$。由于强烈挤压，下伏灰岩与上覆泥灰岩融为一体，界限呈波状，局部锯齿状，泥灰岩韧性较强，整体有较大节理，局部位移达到 20cm。灰岩脆性较强，达到破裂-角砾岩。内部具有构造片岩，矿物有定向排列，呈串珠状、扁豆状。灰岩中发育透镜体，长 30cm，宽 5cm，边缘具有挤压糜棱岩，后缘有拉断，表现为锯齿状。根据构造角砾及片理判断，层面倾向北西。其间发育断层角砾岩，钙质胶结，角砾直径大的约 20cm，小的 1cm，一般 2~3cm，呈次棱角状。据露头推测断裂带宽度为 5~7m。

断层后缘未见直接露头，根据断层线与地形的关系判断该断层倾向南东，断层附近见破灰岩，显示拉张特征。

飞来峰岩层整体产状比较统一，倾向北西，倾角 48°~54°，从野外调查看，该飞来峰整体松散(附图 16)，尤其北西部更为明显，二郎庙西北一个采石场，被炸下的山石基本为直径 5~10cm 的碎石，可见其破裂松散的程度。在其前缘转弯子西部，发育局部的沙窝子组内部同斜背斜，背斜南东翼倒转，倾向北西，倾角 46°，北西翼同倾向，倾角 48°，显示挤压特征。

从总体上看，该飞来峰从北西向南东具有后缘拉张、前缘挤压的特征，按成因分类可归于滑来峰，由其整体岩层产状单一，松散破碎，但整体规律性明显按变形分类可归于滑块式滑来峰。

4.3　飞来峰对比分析

对比各个飞来峰的特点，总结出清平飞来峰各峰体间地质特征具有如下规律。

4.3.1　各个块体均被断层围限，上下叠置

如前所述，划分的各个块体均被断层围限。虽然部分块体不是由一条断层围限，但都代表了一次地块的推(滑)覆，每一个被断层围限的块体都为一个独立的飞来峰体。各个飞来峰体层层叠置，构成"多层楼"的复式飞来峰。

4.3.2　各峰体内地层特征

各个飞来峰体内地层差异较大，相对来说，Ⅰ 层飞来峰地层最全，Zd^3—Tf^4 均有出露。

从地层展布情况看，Ⅲ 层、Ⅳ 层飞来峰的相似性较强，都具有凸向南西的弧形地层展布。东部则为基本平行的走向北东的岩层，而且二者地层都包括了 Dg-T，但有细微差别，如 Ⅲ 层为 Dg^2—Tl^2 较新，Ⅳ 层 Dg^2—Tj^1 较老。二者出露地层分布存在很大差别，Ⅲ 层飞来峰中，三叠系 Tf—Tl 出露面积约 67.8km²，Dg—Pw 出露面积 57.5km²，三叠系约占 54.1%。Ⅳ 层飞来峰中，三叠系 Tf—Tj 出露面积 21.9km²，Dg—Pw 出露面积 76.4km²，三叠系约占 22.2%，可见 Ⅲ 层飞来峰地层较新且分布广。

其他飞来峰相对简单，Ⅱ层飞来峰地层为 $\text{\Cambrian}qp$ 以及 $\text{\Cambrian}m$，Ⅴ层飞来峰地层主要为 Ds—Py。

总体来看，Ⅰ层与Ⅱ层飞来峰地层差别很大，一个齐全一个单一，但从地层序列看，Ⅰ层出露的最老地层为 Zd^3，Ⅱ层为 $\text{\Cambrian}qp^2$，二者构成一个下老上新的叠置关系。结合Ⅲ层、Ⅳ层、Ⅴ层对比研究，这三层具有下新上老，层层叠置的特点，进一步证明了上部三层飞来峰是滑覆成因的观点。

4.3.3　构造变形特征

各飞来峰内主要发育向斜构造，很少发育规模较大的断裂，仅Ⅰ层飞来峰中断层稍多，达 6 条，其中 2 条为该飞来峰体就位之后形成的平移断层。Ⅱ层、Ⅴ层飞来峰无内部次级断裂，Ⅲ层 2 条，Ⅳ层 3 条。从断层与褶皱的关系看，Ⅰ层飞来峰内部断裂多为褶皱形成甚至飞来峰就位之后发育的断裂，它们破坏或改造褶皱，使构造复杂化。Ⅲ层飞来峰中的大柏岩断层切割了北东—南西方向的大柏岩向斜仰起端，与松树坪背斜以及Ⅲ层飞来峰边界断裂岐山庙黄平坪断层相伴生。朱家坪断层对褶皱影响较小，应是上覆燕儿岩—金溪沟飞来峰前缘断裂高川—香炉山断层影响而形成的次级断裂。

从构造类型看，各飞来峰内部以发育各种褶皱为主。Ⅰ层飞来峰从后缘到前缘的变形主要表现为向斜与背斜相间分布，而且各个褶皱的轴面倾向北西，或北北西，反映自北西向南与挤压应力环境。Ⅱ层飞来峰整体表现为一个大向斜的扬起端。Ⅲ层飞来峰以一个复式向斜为主。Ⅳ层飞来峰整体也表现为一个向斜和一个背斜，向斜核部被同构造方向的断层破坏过，向斜的北西翼倒转倾向北西，同样显示被后期改造的特征。

对比各飞来峰内部的向斜构造变形特征，Ⅰ层最为复杂，既有北东向的向斜，也有北北东向的。而且被后期断层平错以及改造的现象普遍。将Ⅲ层与Ⅳ层比较，虽然都是倒转向斜，但Ⅲ层的太平向斜要比Ⅳ层燕儿岩向斜变形强烈。分析老鸦山的太平向斜，其仰起端呈尖锥状，闭合度高，Ⅳ层飞来峰中的燕儿岩向斜即使在断层破坏核部，使闭合度增加的情况下，扬起端呈半圆形，显示变形相对较弱，改造前应为宽缓的向斜。

前已述及，Ⅲ层飞来峰中太平向斜等褶皱曾受到上覆Ⅳ层、Ⅴ层飞来峰改造而部分倒转。Ⅳ层飞来峰的后期变形改造主要受北西侧的映秀—北川断层影响，高陡的映秀-北川断层由下向上切割该飞来峰体，并使峰内断层，很可能是原来飞来峰宽缓向斜的北西翼陡倾甚至倒转。

总体来看，Ⅲ、Ⅳ、Ⅴ三层飞来峰由下向上，变形强度依次减弱，这是由于早就位的峰体反复受到后来就位的上覆峰体的改造，叠加变形所致。

4.3.4　单个峰体内的变形特征对比

Ⅰ层飞来峰从后缘到前缘都表现为挤压，具有波浪式褶皱变形特征。后缘断层虽然表现为倾向南东的正断层，但上下岩层变形指示其为挤压性质的断层。前缘断裂为卸军门断裂。

Ⅱ层飞来峰也是前后缘断裂都表现为挤压，前缘从Ⅰ层飞来峰中大河坝向斜可以看出，该向斜倒转，同斜褶皱倾向北西，与Ⅰ层飞来峰相似，但变形强度相对较弱。

Ⅲ层飞来峰前缘断裂黄羊坪断层强烈挤压，而在罗元坪以北为宽缓的褶皱，即前缘变形较强，向后减弱。若排除Ⅳ层、Ⅴ层飞来峰的改造，Ⅲ层飞来峰就位时表现为前缘挤压，形成松树坪倒转背斜；中部宽缓褶皱；后缘断层倾向南东，上盘表现为一系列单斜，未见明显挤压表现。

Ⅳ层飞来峰前缘断裂变形不十分强烈，内部断层表现也不十分明显。

Ⅴ层飞来峰具有明显的前缘挤压后缘拉张特点。在鸳鸯池—转弯子一带 Ds 地层倒转，倾向北西，形成一个 Ds 内部的倒转背斜，显示北西向南东的挤压。该飞来峰前缘也迫使三层飞来峰的甘竹坪向斜，大柏岩向斜北段北西翼变形倒转，挤压特征明显。该飞来峰前缘挤压的又一个证据是其前缘断裂二郎庙断层。该飞来峰的主要特点是整体松散，剪切、张剪节理发育。

4.4　小结

表 4-2 列举了各层峰体对比关系，总体来看，清平飞来峰是龙门山较为典型的复式飞来峰，具有明显的叠覆式飞来峰特征，从下到上共分 5 层。内部峰体成因复杂，既有推覆体也有滑覆体，其中Ⅰ层、Ⅱ层飞来峰属于推来峰，Ⅲ层、Ⅳ层、Ⅴ层飞来峰是典型的滑块式滑来峰。从构造变形强度来看，具有上层变形弱，下层变形强烈的特征。显示每次上层飞来峰就位对前期就位飞来峰的改造叠加。

表 4-2　清平飞来峰各层峰体对比

	推覆		滑覆		
	Ⅰ层	Ⅱ层	Ⅲ层	Ⅳ层	Ⅴ层
滑动面特征	勺形	勺形	勺形，后部被上覆峰体压盖	勺形，后部被断层所截	勺形
前缘	挤压	挤压	挤压	挤压	挤压
中部	一系列倒转褶皱，轴面倾向北西，显示北西向南东的挤压	单斜为主	宽缓褶皱，部分受上覆飞来峰改造为倒转褶皱	宽缓褶皱，受断层影响改造为倒转褶皱	单斜为主

	推覆		滑覆		
	Ⅰ层	Ⅱ层	Ⅲ层	Ⅳ层	Ⅴ层
后缘	挤压	挤压	被上覆峰体压盖	被断层所截	拉张
褶皱组合	挤压型褶皱		从后缘到前缘表现为宽缓→倒转紧闭褶皱		
变形强度	强	强	强	较强	弱
特征现象			破灰岩	破灰岩	破灰岩
类型	推来峰	推来峰	滑块式滑来峰	滑块式滑来峰	滑块式滑来峰

第 5 章　清平飞来峰的形成与演化

5.1　相关问题探讨

5.1.1　清平飞来峰的形成时期

1. 推来峰（Ⅰ层、Ⅱ层）形成时期

根据区域地质研究，龙门山地区印支期为主要的推覆构造活动期。该区东北的江油重华堰—百胜一带，可见侏罗系与下伏三叠系间为一明显的角度不整合接触(图 5-1)，许多侏罗系直接盖在推覆断裂之上。在安县过川 40 井和江油过永平1 井的地震剖面上，侏罗系与下伏三叠系须家河组间为区域性的角度不整合接触。不整合面之下 P—T 表现为强烈推覆构造(图 5-2)。可见，本区主要推覆期在须家河组沉积结束之后、侏罗系沉积开始之前的印支晚期。不整合面以上的J—K 变形弱，未见明显的推覆构造痕迹显示。根据以上分析，我们认为形成Ⅰ层、Ⅱ层推来峰的推覆体形成于印支期。

研究清平飞来峰各层边界断裂，发现在飞来峰后缘的草槽坪一带，Ⅲ层滑来峰压盖了Ⅱ层推来峰的边界断裂，由此分析Ⅰ层、Ⅱ层推来峰与母体脱离发生在Ⅲ层滑来峰就位之前。据研究，本区燕山期以脉动式隆升为主，由此分析，燕山期后龙门山构造带的隆升以及映秀断裂的活动造成了上述推覆体后缘上拱遭受剥蚀或者被映秀断裂切割，与母体分离形成推来峰。

2. 滑覆体形成时间

清平飞来峰中共有三层滑覆体，最早形成的是Ⅲ层滑来峰，形成于Ⅰ层、Ⅱ层推来峰形成之后。根据四川省地质矿产局研究，Ⅰ层推来峰中发现的辉绿岩脉K-Ar 年龄为 116Ma。因此，清平飞来峰的滑覆开始于 116Ma 年之后。

根据前述的研究，Ⅲ层、Ⅳ层、Ⅴ层滑来峰具有统一的形成机制。根据研究区东部各个边界断裂均与小坝断层走向一致等特征，可以认为小坝断裂与Ⅲ层、Ⅳ层、Ⅴ层滑来峰是同期次活动，相同构造应力场作用的产物。

据调查，本区小坝断层形成于 J/T 角度不整合之后。图 5-3 显示了本区小坝断层上冲，切割侏罗系地层，并使之发生掀斜。据 1：5 万安县幅，本区侏罗系与白垩系整合接触。综合以上分析，小坝断层形成于 J—K 之后。在该断层取 ESR 测年显示断层形成于 1.47Ma 的早更新世。据此分析，清平飞来峰的滑覆体可能形成于喜马拉雅期的早更新世。

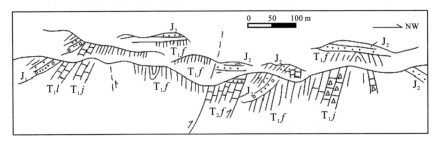

图 5-1　江油重华堰—百胜一带素描图（据王金琪，1990）

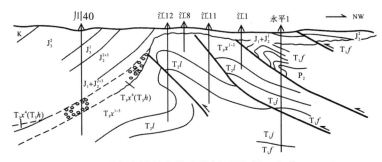

图 5-2　江油海棠铺钻井构造横剖面图（据王金琪，1990）

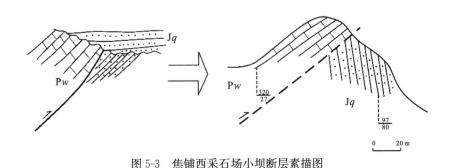

图 5-3　焦铺西采石场小坝断层素描图

5.1.2　清平飞来峰的根带

结合龙门山飞来峰带的根带讨论，以及研究区古地理研究，认为清平飞来峰的根带在映秀—北川断裂以西的后龙门山推覆带的彭灌杂岩之上，其依据为：

（1）现今彭—灌杂岩之上覆盖有多个小型飞来峰，地层以震旦系灯影组，观音岩组为主。与清平飞来峰歇马庙中震旦系具有一定对应性。

（2）根据前述的研究，形成Ⅰ层、Ⅱ层飞来峰推覆体来自映秀断裂北西，后来由于彭灌杂岩的隆起以及映秀断裂活动的影响使得目前飞来峰体与母体分离。

（3）Ⅲ层、Ⅳ层、Ⅴ层滑来峰所具有的变形特征、叠覆式飞来峰典型的三层楼结构和不同结构层间倒置的层序关系，表明它们应是十分典型的滑覆体。野外调查发现Ⅴ层滑来峰直接盖在北川—映秀断层之上，表明飞来峰的根带应当位于北川—映秀断裂带北侧的彭—灌杂岩之上。

5.2　区域构造演化

根据对清平飞来峰的研究，结合龙门山飞来峰带的认识，认为研究区的构造演化经历了以下四个阶段。即晚三叠纪前的稳定大陆边缘沉积期，印支期褶皱及逆冲推覆，燕山期隆升，喜马拉雅期推覆、滑覆。

5.2.1　稳定大陆边缘发展阶段（Z—T₂）

震旦纪—中三叠世，龙门山区进入稳定大陆边缘的发展阶段，研究区属被动大陆边缘环境，形成了震旦系至中三叠统的浅海沉积。在此期间，包括彭—灌杂岩体在内的龙门山岛弧已经形成，并且影响沉积。在岛弧向海一侧，沉积间断少，发育了Z—T基本完整的沉积序列。在岛弧后侧，由于拉张环境下的差异沉降，形成了震旦系与寒武系之间的平行不整合以及震旦系、寒武系与上覆泥盆系之间的平行不整合，缺失了O—S地层。如图5-4，燕子岩柱状图代表岛弧上的沉

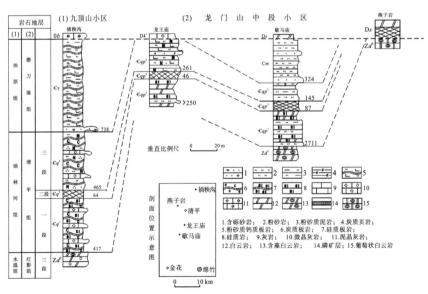

图 5-4　寒武纪地层实测剖面柱状对比图（据1:5万清平幅地质图修改）

积,插秧沟柱状图代表岛弧西侧较全的沉积,龙王庙和歇马庙柱状图则代表弧后盆地内的沉积。

5.2.2　褶断隆升及前陆逆冲(T_2—T_3)

中三叠世之后发生印支运动早幕,造成了中三叠统与上三叠统之间的超覆,龙门山前山带大部分隆升,局部拗陷。本区在晚三叠世尚处于龙门山岛链东侧,接受了浅海台坪相生物碎屑灰泥沉积(马鞍塘组),滨海-海陆交互环境的陆源碎屑沉积(须家河组),构成一个颇具特色的退积沉积。表现在地层结构上为明显的进积层序,在此期间海水逐渐退出。地壳持续上升,并最终结束了海侵的历史,形成前陆盆地。

印支运动,三叠系及下伏地层全面褶皱隆起,逆冲断裂系统的初始活动,在现今的灌县—安县冲断推覆体及山前盆地之下的沉积基底强烈冲断推覆,形成一系列的褶皱和逆冲断层。这是本区一个主要的推覆造山期,Ⅰ层、Ⅱ层推来峰正是在这一时期形成,并向南东推覆。由于逆冲推覆构造发育,地层增厚并抬升,在构造带前缘,冲出地面的岩层遭受剥蚀,被后期沉积的J-K地层掩盖,造成了三叠系各组与上覆中侏罗统千佛岩组之间角度不整合。

5.2.3　燕山期隆升(J—E)

继晚三叠世的印支运动之后,本区彻底结束了海侵的发展历史,进入了陆内改造阶段,经过三叠纪末到中侏罗世初期约7Ma的隆起剥蚀,本区西部前陆隆起表现为脉动式的隆升和推覆冲断,而东部前陆盆地则持续下降,不断接受沉积充填。

燕山早期在本区东部前陆盆地持续下降时,接受了中、晚侏罗世及白垩世的沉积充填,在山前冲积扇、河流、湖泊环境中形成一套磨拉石-复陆屑建造。推覆作用加强,伴有大量的辉绿岩脉和少量正长岩脉侵入。前陆盆地形成红色磨拉石和复陆屑建造交替发育。

从白垩纪晚期,本区开始隆起,缺失晚白垩世夹关期—早更新世的地层记录。由此说明晚白垩世—早更新世为长期隆起阶段。龙门山大面积抬升,重力势增加,为后期滑覆准备了条件。

5.2.4　喜马拉雅期推覆、滑覆（Q/E）

进入喜马拉雅期，龙门山区的造山运动达到高潮，发生了明显的冲断推覆及褶皱作用。使侏罗纪—白垩纪地层发生褶皱、断裂，在晓坝断层上取得方解石脉（属江油—灌县断裂带）ESR 年龄值为 1.47Ma，说明早更新世还有推覆冲断活动。

到第三纪，前陆盆地开始变形。前陆盆地中的陆相红层发生褶皱和断层，龙门山构造带活动也进一步加强，推覆构造产生走滑、叠加褶皱和弧形断层。

研究区随着推覆造山作用的增强，构造带进一步崛起，地形反差强烈，滞后伸展作用加之推覆体重力失稳，产生向东南方向的重力滑动，形成一系列滑覆构造。

5.3　清平飞来峰的演化

根据以上论述，总结出清平飞来峰的演化（图 5-5），可以分为印支期推覆阶段，燕山期的全面隆升以及重力势孕育阶段，喜马拉雅期的滑覆、推覆。在此期间，推覆与滑覆密切相关，滑覆体很多都是早期的推覆体，与根带脱离形成的。推覆作用又为滑覆提供了触发因素。

5.3.1　推覆阶段

印支期这是本区一个主要的推覆造山期，形成 I 层、II 层推来峰的推覆正是这一时期形成。推覆方向由北西向南东扩展（图 5-5b）。

5.3.2　全面隆升以及重力势孕育阶段

燕山期是龙门山主要的隆升阶段，主要表现为脉动式隆升。由于后龙门山的大幅度抬升以及映秀断裂的活动，造成了形成 I 层、II 层推来峰的推覆体后缘上拱，推覆体前部底滑面呈凹面向上的弧形。而推覆体后缘隆起的部分遭受剥蚀或者被映秀断裂切割，与母体分离形成推来峰。（图 5-5c）

同时，不断隆升的岩层重力势不断增加，加之岩层内部分软弱层（如志留系泥岩、页岩和粉砂岩，观雾山组泥页岩、下三叠统飞仙关组和嘉陵江组页岩、白云岩和膏盐岩；上三叠统须家河组的含煤泥质粉砂岩等），为重力滑覆提供了必备的条件。

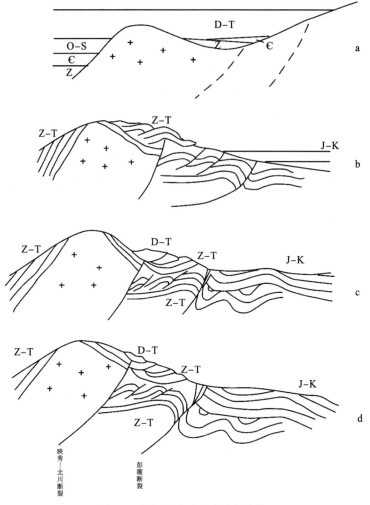

图 5-5　龙门山清平飞来峰的演化

5.3.3　滑覆阶段

喜马拉雅期，推覆构造进一步发育。由于燕山期的重力势孕育，加之该时期逐渐增强的推覆作用作为触发因素，滑覆大面积发育。可见，龙门山推覆与滑覆关系密切，不可完全割裂开来(图 5-5c)。

在此期间映秀断裂持续活动。资料显示，映秀断裂一直是一条很活跃的断层，表 5-1 记录了本区 1999 年的地震情况，根据研究发现，这正是映秀断裂活动的结果。

根据前面的分析，映秀断裂很可能已经切割了Ⅰ层、Ⅱ层推来峰后缘，到喜马拉雅期，在滑覆过程中，它仍然持续活动，切割了Ⅲ层、Ⅳ层滑来峰后缘。在此之后，第三次滑覆开始发育，形成了Ⅴ层滑来峰，直接盖在映秀断裂之上(图 5-5d)。

清平飞来峰具有典型的滑覆特征。滑覆体包括Ⅲ层、Ⅳ层、Ⅴ层滑来峰，每层飞来峰形成初期都为简单的轴面近直立向斜，经后期发育的飞来峰改造，形成倒转向斜，轴面倾向北西(图 5-6)。

表 5-1　绵竹清平地区地震基本参数表(刘万全，2001)

编号	日期 年月日	发震时间 时分秒	震中位置			震级 ms	资料来源	备注
			北纬	东经	地点			
1	1999.9.14	20：54：00.0	31°36′	104°06′	绵竹	5.0	中国地震局	速报
2	1999.9.14	20：54：31.6	31°30′	104°13′	绵竹安县间	4.7	川局二所	速报
3	1999.9.14	20：54：31.3	31°36′	104°05′	绵竹	5.0	川局二所	台网
4	1999.9.14	20：54：25.0				4.7	德阳清平台	速报
5	1999.9.14	20：54：25.7				4.7	德阳金河台	速报

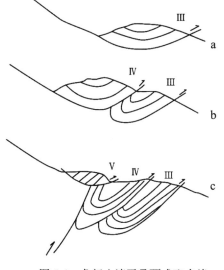

图 5-6　龙门山清平叠覆式飞来峰
滑覆体形成过程

(1)Ⅲ层滑来峰滑覆就位于龙门山前，形成滑块式滑来峰。滑覆体内部构造简单，为一个平缓向斜，轴面近直立(图 5-6a)。

(2)Ⅳ层滑来峰滑覆就位，并且改造了先期形成的Ⅲ层滑来峰，使之褶皱闭合度增大，轴面倾斜(图 5-6b)，形成Ⅲ层滑来峰南部的老鸦山倒转向斜。由于侧缘受力不均，使得该向斜呈现向南西凸出的弧形。

(3)映秀断裂活动切割了Ⅳ层滑来峰的后缘，向南东的冲断挤压使得Ⅳ层滑来峰闭合度增大，轴面向北西倾斜。并且对其下的Ⅲ层滑来峰产生影响，使Ⅲ层滑来峰褶皱闭合度进一步增大。

(4)Ⅴ层滑来峰滑覆于映秀断裂之上(图 5-6c)，并且改造了Ⅲ层、Ⅳ层滑来峰，从而形成了甘竹坪向斜、黄天坪背斜以及大柏岩北段的倒转褶皱。

因此，Ⅲ层、Ⅳ层、Ⅴ层滑来峰中，早期形成的Ⅲ层滑来峰经过构造反复叠加，相对复杂，变形强烈。而最后形成的Ⅴ层滑来峰构造简单，基本以单斜为主，变形相对较弱。

第6章 龙门山飞来峰群(带)

龙门山飞来峰带主要分布于前龙门山构造带南东侧,呈北东走向,西以北川—映秀—小关子断裂带与后龙门山构造带相接,东以天井山断裂带、彭—灌断

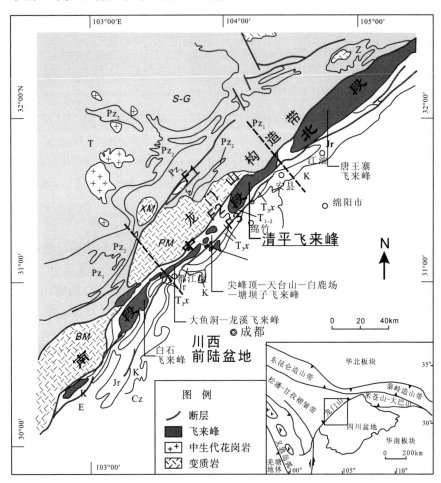

图 6-1 龙门山构造带区域构造简图

F1. 茂汶断裂;F2. 北川—映秀断裂;F3. 彭灌断裂;

PM. 彭灌杂岩;BM. 宝兴杂岩;XM. 雪隆包杂岩;S-G. 松潘甘孜褶皱带;Z. 震旦系(上元古界);Pz_1. 下古生界;Pz_2. 上古生界;T. 三叠系(T_1、T_2、T_3 分别代表下、中、上三叠统),Jr. 侏罗系(Jr_1、Jr_2、Jr_3 分别代表下、中、高侏罗统);K. 白垩系(K_1、K_2 分别代表下、上白垩统);E. 古新统到始新统;Cz. 新生界

裂带和双石断裂带与川西前陆盆地相邻。主要由古生代—三叠世碳酸盐岩地层组成。构造变形以冲断以及与推覆—滑脱相关的褶皱和飞来峰构造为主。最特征的构造是具有构造上的"双重结构",即在准原地的推覆体上叠置飞来峰构造。下伏的准原地岩块主要由三叠纪须家河组构成一系列大小不等的滑脱断片,其上叠置由古生代碳酸盐建造为主的飞来峰。

6.1 龙门山飞来峰群发育的构造区带及其构造特征

龙门山飞来峰群发育区主要介于龙门山推覆构造带以东、西以映秀—北川断裂带。

6.1.1 北部边界断裂特征

映秀—北川断裂(北川—白水河—映秀—苏家河坝—下井溪—小关子断裂)前人称为龙门山中央断裂,并以此作为盆—山的分界线,构成了龙门山推覆构造带的主滑面。

1. 中北段——北川—映秀断裂

1)断裂带宏观特征

断裂带在平面上延续性较好,大部分地段结构较为单一,主断层清楚。单个断层呈北东—北东东向舒缓波状延伸,而有些地段则由数条逆冲断裂分而复合构成复杂的逆冲断裂带,在不同地段切割不同时代地层,被切割的地层呈透镜状、楔形或菱形断片产出。主滑面总体倾向北西,倾角在不同地段各异,大致为 $40°\sim70°$,多数为 $60°\sim70°$。断裂带在北段为以茂县群为主的浅变质岩系与正常沉积岩界线。中段断裂带界于彭灌杂岩体与上三叠统地层或元古界黄水河群变质岩与上三叠统地层之间,夹有由震旦系火山岩组成的透镜状推覆岩片。界于彭灌杂岩体(含黄水河群)与震旦系火山岩,以及震旦系火山岩与上三叠统须家河组之间的断裂规模最大、变形最强、推覆距离最远。

2)断裂带内部构造特征

由于断裂带宽度在各段差异较大,故构造岩在断裂带中的宽度和性质也极不均匀。在龙门山中段彭县白水河地区断裂带较密集,影响宽度大,构造变形特征清楚,构造岩类型俱全,断裂上盘以韧性变形为主,在断裂带下盘和带内构造夹片中以脆性变形为主,形成三个性质明显不同的构造岩带(图 6-2):①韧性构造变形带:发育在断裂上盘的黄水河群变质岩和晋宁-澄江期花岗岩中,宽度几十米,由初糜棱岩、糜棱岩、糜棱片岩和构造片岩组成。原岩中的长英质矿物和凝灰物质均产生了不同程度的重结晶，石英被压扁、拉长，定向排列构成连续劈(片)理和拉伸线理、矿物生长线理。长石也被压扁拉长或产生碎裂呈碎粒状，形成千枚状、片状构造，在白水河电站剖面，断裂带上盘变质岩中发育宽 70～90m的片理化糜棱岩带，具粒状变晶结构、片状构造，沿断裂带呈北东向展布，糜棱片理产状 320°∠40°，并切割上盘中元古界黄水河群变质岩的片理。②脆性构造变形带：位于断裂构造带内由震旦系火山岩组成的构造夹片中。宽度数十米至二百多米，由破裂岩、碎裂岩、劈理化-糜棱岩化碎裂岩三个次级构造岩带组成。破裂岩带出露宽度约 100m，由震旦系英安质—流纹质凝灰岩破碎而成。带中岩石被两组密集节理(产状：300°∠67°、270°∠88°)强烈切割成菱形状、透镜状的大小混杂的岩块和角砾，角砾棱角保持较好，滚动和搓碾不明显，总体显示脆性构造变形特征，变形相对微弱。在破裂岩与糜棱岩接触处为宽 5～30m 左右的构造角砾岩带，构造角砾分别为火山岩、变质岩和糜棱岩，呈强烈的透镜状、扁豆状、角砾边缘挤压劈(片)理构造极为发育，劈理中少量绿泥石呈薄膜状分布。在该带中除见有石英的波状消光与平行角砾长轴的破劈理(产状：302°∠71°)的石英脉中，石英呈毛发状、丝状平行劈理面或斜交劈理面生长，脉体呈舒缓波状，脉壁较平直，而斜交或垂直劈理面的脉体中石英多垂直脉壁生长，脉体呈不规则团块状、网状和锯齿状。在镜下矿物破碎极为常见，石英波状消光、扭折、折断等显微构造现象发育。该构造岩带显示了挤压作用下的脆性变形特征，劈(片)理化-糜棱岩化碎粒岩带宽度大于 90m，带内夹数条变形微弱的碎裂岩和破裂岩岩块。在宏观上以劈理密集为特征，密度达 10 条/cm，劈理优势产状 305°∠66°，以破劈理为主，劈理面呈舒缓波状，连续性相对差，但总体延伸及产状都较稳定。在劈理面上有绿泥石矿物平行劈理分布形成绿泥石膜。构造岩以碎粒岩、碎粉岩为主，在局部地段留有糜棱岩化作用。在镜下显示由部分碎粉岩发生重结晶定向分布碎粒(斑)边缘，矿物有较为普遍的波状消光、带状消光、变形纹，偶见石英亚颗粒及粒化结构等显微构造现象。结合野外常见岩石中长英质矿物呈毛发

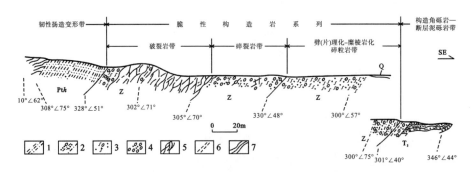

图 6-2　北川—映秀断裂构造(彭州白水河剖面)

1. 糜棱岩；2. 糜棱岩化碎裂岩；3. 劈(片)理化碎粒岩；4. 碎裂岩；5. 破裂岩；6. 断层泥；7. 片岩

状、丝状特征，该岩带反映的是以脆性为主兼有一定程度的韧性变形特征。以上三个次级构造岩带呈渐变过渡，总体由北西至南东有脆性向脆韧性过渡的趋势。③构造角砾岩—断层泥砾岩带：位于脆性构造变形带之南，产于推覆体下盘上三叠统碎屑岩之中。宽约50m，由岩层强烈弯曲的断褶带和构造岩带组成，构造岩带宽约5~10m。带内发育固结程度很差的构造角砾岩，角砾间的填隙物见有大量断层泥，角砾定向排列。该带总体显示为脆性变形特征。

2. 南段——小关子断裂

小关子断裂带发育于龙门山南部，由3~4条规模较大的断裂组成，走向北东30°左右或近南北向斜穿南段。断裂带中各断裂平面展布上在小关子附近聚敛，而向南南西方向逐渐散开，总宽度为1~3km。断面产状均向北西陡倾斜，剖面上组成叠瓦状构造(图6-3)，断裂切割震旦系至三叠系地层。西盘(上盘)为震旦系，东盘(下盘)为上三叠统须家河组。各断裂中所夹持断片从西向东岩层递次变新，为二叠系茅口组灰岩、峨眉系山玄武岩组、三叠系飞仙关组和嘉陵江组的泥岩和灰岩。由于断层作用各岩片均呈向北西倒转陡倾斜，但其走向与断层走向大致一致，并使邻断层的下盘岩层也明显地发生变位－直立或倒转。从其影响的岩层来看，它是一条至第三纪后仍十分活跃的断层带。

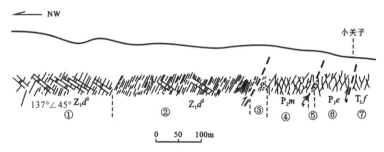

图6-3 龙门山南段小关子断裂带(据1：5万灵关幅)

断裂带通过地段除芦山小关子附近公路壁可见具体断层特征外，其余各处多被掩盖。从小关子构造剖面中可以清楚地看出，断裂带中所有岩石均被断层伴生的劈理及节理切割显得十分破碎；在断层面通过处岩石均被碾磨成粉末甚至成断层泥。沿断裂带构造透镜体也十分发育，有的断片几乎全部透镜体化，透镜体大小不一，但其扁平面平行于断面。从西向东可大致分为7个带。

(1)稀疏劈理带：带宽大于200m，原岩为震旦系灯影组白云岩，劈理类型为破劈理，劈理面间隔为1~5cm，微劈石呈长条状和长透镜状，劈理面产状330°∠50°。此带构造岩类型主要为初碎裂岩。

(2)密集劈理带：带宽约300m，原岩为震旦系灯影组白云岩，岩石受到极为强烈的破劈理化，密度为3~5条/cm，微劈石呈长条状，劈理面产状330°∠45°，此带构造岩类型为碎裂岩，与前一个带呈过渡状，无明显界线。

(3)断层泥砾带：带宽约 30m，为小关子断裂带主断面。主要为土黄色、灰色断层泥及角砾组成，角砾为棱角状，大小不等，最大见有 40cm。呈疏松状、未胶结，与前一个带的界线截然。

(4)构造透镜体带：带宽约 100m，其原岩为中二叠统阳新组厚层状微晶灰岩，透镜体大小不等，大的长约 3m，小的只有数厘米，大的透镜体内包含若干小透镜体，透镜体内还发育破劈理。透镜体表面可见多组擦痕。此带构造岩类型为碎裂岩，与前一个带的界线截然。

(5)断层泥砾带：带宽约 15m，为断裂带中另一断面所在的位置。主要由黄灰色断层泥组成，并夹产一些细小的角砾，在此带南侧见有一滑动面，其产状为 310°∠60°。此带疏松未胶结，具有较强的退色现象，与前一个带的界线截然。

(6)构造透镜体带：带宽约 100m，原岩为上二叠统峨眉山玄武岩，此套地层在宏观上呈大小不等的透镜体组成，大透镜体包含小透镜体，透镜体扁平面倾向北西，倾角 50°左右，在透镜体中还发育两组破劈理，其产状为 25°∠30°、305°∠62°，与前一个带界线截然。

(7)节理破碎带：带宽大于 50m，原岩为下三叠统飞仙关组泥灰岩和钙质泥岩，其中发育大量的张节理和剪节理，在张节理中生长着纤维状方解石，纤维生长方向不固定，有的垂直脉壁生长，有的斜交脉壁，有的呈"S"形弯曲，脉宽一般为 1~2cm，间隔约 10cm，脉的排列以平行为主，部分呈斜列状。张裂脉主要有两组：5°∠60°、55°∠67°。在剪节理中无方解石充填，剪节理主要发育有两组：345°∠52°、165°∠85°。与前一个带呈断层接触，断层带宽约 1m，带中发育断层泥及角砾，角砾一般为 3cm，具有定向排列，断层面产状 290°∠60°。

根据破裂带及两盘所收集的小构造资料及构造岩的显微构造资料，可以判断该断裂带是一条多期次活动的断裂带。断面见有一组滑动面，其产状为323°∠59°，滑动面上发育两组擦痕，其侧伏角和侧伏向为 68°NE 和 26°NE，前一组擦痕被后一组擦痕切割掩盖。

为了解断裂带构造岩的变形特征，用断裂带中构造岩进行了二维应变测量，测量方法为 Fry 和 SURFOR 法，并用计算机处理和作图，得出劈理带应变椭圆的轴率(Rs)在 1.4 左右(据 1∶5 万天全、灵关幅)。

从所求得的轴率来看，其应变量不大，反映该断裂带主要以脆性碎裂变形为主。

从小关子断裂带两盘地层出露来看，其地层断距较大，以小关子一带最为显著，北西盘震旦系灯影组白云岩逆冲于二叠系茅口组灰岩之上，地层断距超过 2000m。

综上所述，小关子断裂带为地壳浅层的脆性断层，地层断距巨大，活动期次分为三期，前两期为逆冲，第三期为左行平移。第一期主压应力轴方位为 340°，第二期为 300°，第三期为北东 14°左右。另据断裂带在小关子以北地区部分被金台山飞来峰覆盖，部分又切割飞来峰体，而峰体滑脱面 ESR 年龄值为 108Ma（1∶5 万天全、灵关幅），故断裂最早活动时期是印支期，伴随须家河组褶皱，以后仍继续活动，直至第三纪后，以至现在仍未停止。断层走向至小关于以南偏向南，与龙门山总体走向北东—南西向不同，根据其对前陆盆地的影响来看，可能是在喜马拉雅期由于受到川滇南北构造带的影响局部发生偏转所致。

小关子断裂上盘的龙门山推覆构造带宝兴推覆构造是一个长期活动，且推移距离较大的推覆构造，从其与金台山飞来峰的相互关系上可以看出。另从其对前陆盆地红色岩层引起的变形可以看出它在第三纪以后仍强烈活动（据 1∶5 万天全、灵关幅）。

（1）天全—芦山复向斜西翼，大庙至天全沙坪间红色岩层普遍被掀成近直立，局部甚至倒转，在沙坪附近离杂岩体为核的宝兴背斜最近，因此从三叠系至白垩系的全部地层被掀成倒转向西倾斜，同时影响复向斜的轴迹南端明显反时针向东偏转。次级老场向斜被改造成西翼陡直甚至倒转，东翼极为平缓，形成轴面向西倾的斜歪褶曲，如果把这个褶曲恢复成两翼对称的初始正弦式褶曲，则倒转翼在天全至沙坪间至少由西向东迁移了 2.5km。

（2）双石断层南西段至曹家营后被迫逐渐向东偏转成与小关子断裂带平行，其偏角约 30°，如果恢复到与龙门山带北东走向一致，则其在天全—沙坪一线两者间的距离也约位移了 2.5km。

无论褶曲西翼或是断层被改造而偏移的距离，都不是区域最大变形点的位移距离，所以 2.5km 不是最大距离；双石断层和老场向斜都是在渐新世末才开始形成的，但被改造开始的时间无法确定，假定初始构造从渐新世开始至中新世完成，上新世起开始被改造，则至今其平均位移量不小于 0.5mm/a。

（3）新开店断层与小关子断裂带大致平行，且也显示由西向东逆冲，很可能也是受宝兴推覆体的推挤产生的，代表推覆体在向前陆扩展。

6.1.2　南部边界断裂特征

即二郎庙—秀水—彭灌—泰安寺（泰安寺、干沟、苍坪）—中林—双石断裂（滑脱面）的特征。

为前龙门山滑脱冲断构造亚带与川西前陆盆地的分界断裂，也是现代地貌上山、盆的分界线。断裂带向北东延伸出勘查区块与江油天井山冲断带相连，向南西经绵竹汉旺、彭州老君山、都江堰泰安寺、崇州干沟、芦山大川，至天全一带的南段略呈向西凸出的弧形展布。沿断裂带走向和倾向，断裂面均呈"S"形波状弯曲，北东段总体走向为 40°，向 NW 倾，倾角 45°~65°，局部地表可见向 SE 方向反倾；南段呈 NNE—近 SN 向，倾角 55°~70°。断裂带上盘基本全部为须家河组；下盘为侏罗系、白垩系红层，部分地段为须家河组。断裂带宽 50~60m，具分带性，发育有断层泥砾带、劈理带和节理破碎带；两侧地层产状多变。切割最新地层为古近系，故其定型期应为喜马拉雅期。

　　断裂带在北段和南段变形特征存在一定的差异，北段表现为冲断褶皱带，而南段表现为滑脱冲断带。

1. 北段——天井山冲断褶皱带（断展褶皱－断展陡立构造带）

　　主断面（带）在汉旺以北地段多呈断续线状展布，连续性较差，无一条规模大、延伸稳定的断层，取而代入的是一条宽 1~2km 的断褶带和陡立岩带。

　　断褶带由一系列叠瓦状排列的褶皱、逆冲断层和盲逆冲断层系为格架，整体构成一向北西倾斜的复式断展背斜构造（图 6-4）。主滑面在部分地段出露地表，而大部分地段多呈盲断层隐伏于地下。根据推覆体卷入地层分析，推覆主滑面发育于寒武系泥页岩与上震旦统碳酸盐岩、志留系韩家店组泥页岩与泥盆系厚层砂岩－碳酸盐岩之间的构造薄弱面上。在推覆体前缘的主滑面斜切古生界—中下三叠统强干岩层形成断坡，当断坡发育达地表时，以断层形式切割地层形成叠瓦状构造；而当断坡未及地表则表现为盲逆冲断层隐伏于下，在地表则形成线状分布的叠瓦状断褶带或陡立岩带。

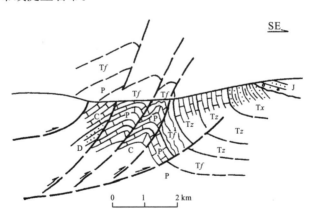

图 6-4　北段前缘滑脱－冲断构造（天井山冲断带）

　　这些叠瓦状断褶构造多呈一规模相对较大的复式背斜。复背斜南东翼地层相对较新，岩层陡峭，由三叠系地层组成；而北西翼则由下三叠统，古生界地层构成，且产状较缓。在断褶带内发育一套变形十分强烈的叠瓦状构造，构成多级序的断褶构造。褶皱和断裂均统一向北倾斜，并向下呈楔状消失的变化。伴随这些多级序断褶常发育有倾向北西的叠瓦状冲断层，并多集中在复背斜构造的北西翼上,但断距均不大,在地表延伸长度也有限,对复背斜地层系统无明显切错。而真正具分划性的界线位于复背斜陡立-倒转翼附近,界线两侧的组成(地层系统)和构造特征具有显著的差异。由此推测,在复背斜核部或倒转翼的地下深处存在盲逆冲断层,随着推覆体向南东滑脱过程中,在推覆体前缘(或断坡)发生断展-断弯褶皱作用,形成轴面北西倾的复式褶皱和陡立-倒转断展式复式单斜构造。

2. 中段——彭灌断裂带

在龙门山中、南段,彭灌推覆构造带的主滑面表现为一系列的断层,在地表由北而南,由断续延展、尖灭侧现过渡为集中统一、延续性好的断裂带,断裂带分枝复合频繁将推覆体前缘岩层切割成薄片状、透镜状的断片。在剖面上,断裂带中几乎所有单一断层在地表都为向北西陡倾的逆冲构造,并由地表向深部逐渐变缓而呈铲形。这些断层组合构成典型的叠瓦状逆冲断裂带。

在中段地区(安县—彭州草坝一带),断裂带上盘地层为上三叠统须家河组一、二段,下盘为须家河组三至五段,断距似乎相对较小(图6-5);而在都江堰及其以南,上盘多为须家河组,而下盘为侏罗、白垩系和第三系,断距相对较大。

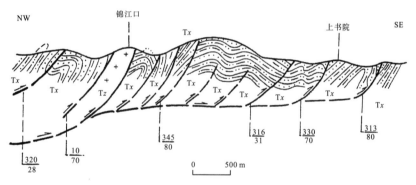

图6-5 龙门山中段彭灌断裂构造剖面(据1:5万大宝山幅修编)

逆冲叠瓦断裂带宽0.5~2km不等。单条断层规模均不是很大,破碎带仅宽数十米。由破裂岩、碎裂岩和断层泥砾岩充填其中。构造岩分带较为明显,在断层带中变形较为强烈,破碎角砾被密集劈理切割成构造透镜体,并产生强烈的滚动和搓辗,周围被碎基或断层泥所包绕。断层外带变形相对减弱,发育破裂岩和劈理带,岩石破碎程度虽高,但角砾无明显的搓辗。显微构造特征显示:碎裂岩中的矿物(或碎屑)多呈被动地定向,原岩中的长石、石英、绢云母等碎屑矿物呈针状、柱状,平行断裂(或劈理)定向分布。部分石英出现重结晶,但大多数石英和长石等矿物仅发生机械破碎,被微断裂错断和弯曲。断层带边缘的破裂岩中的破碎角砾(微劈石)基本未产生显微构造变形,保持着原岩的原始结构构造特征。

当断层面与岩层面平行时，硬岩层（如砂岩）有透镜化现象，形成缩颈（布丁）构造。在断层之间所夹的推覆叠置岩片也有不同程度的破裂岩化；在性软的岩层中则产生强烈的倒转、平卧褶皱，但一般规模均较小，限制发育于断层旁侧，为断裂推覆过程中形成的牵引构造，并揭示断层由北西向南东的逆冲推覆运动特征。这与断层带中的共轭节理、擦痕等构造所反映的应力状态相吻合。

通过对断裂带中构造岩和围岩的应变测量分析对比发现：在断裂带上下盘的围岩中的颗粒一般无明显的定向，多呈等轴粒状，而在构造岩中的颗粒却有明显的定向排列，矿物或碎屑多呈长粒状和透镜状。应变椭球特征为压扁拉长型，Full 参数 K 值略大于 1，显示应变强度较弱，其压扁面与断层面产状基本一致，反映断裂力学性质为以挤压作用为主兼有剪切的应力状态。

综上所述，根据断裂带的宏观、显微和应变特征不难看出，中段彭灌断裂带为形成于地壳表层的脆性逆冲推覆断裂带。

3. 中南段——泰安寺—苍坪断裂

泰安寺—苍坪断裂断层为中南段三江—苟家推覆体的前缘主断层，由 NE→SE 经泰安寺、干沟、苍坪延伸至芦山大川，全长约 60km。在测区的中部紫竹坪—白云庵及苟家的关门岗—天庙堂段被后期的滑覆体白石—苟家飞来峰所覆盖，故在中南段该断裂被分割成三段出露，北段称泰安寺断层、中部称干沟断层、南段称苍坪断层。

1）北段（泰安寺断层）

断层 NW 盘（上盘）为五龙沟组砾岩组成的荣华山向斜 SE 翼，逆冲在 SE 盘侏罗系莲花口组一段地层之上，造成这一区段侏罗系地层的明显加宽。断层两侧侏罗系地层的差异极大，断层上盘的五龙沟砾岩厚度巨大，所夹砂岩比例微乎其微，面貌极为特殊，与下盘正常的侏罗系地层形成明显反差，表明该断层断距较大，同时也反映出在垂直于构造线方向上（即 NW—SE 向）侏罗系的相变十分显著。在都江堰的周家坪南侧，该断层可见约 20m 宽的断层破碎带，夹于其内的岩片破碎强烈，发育碎裂岩。地层揉皱现象明显，上盘地层产状 285°∠58°、下盘产状 298°∠72°，断层倾向北西，倾角约 60°±。用断裂带的构造岩在垂直 b 轴截面上进行二维应变测量得出其应变率 Rs 为 1.3~1.79，反映断层以脆性变形为主，而压扁量较小。

2）中段（干沟断层）

断层上盘为三叠系须家河组，下盘为侏罗系莲花口组。断面产状 320°∠82°，上盘逆冲于下盘之上。断裂带宽度达 30 余米，从断裂中心向两侧有明显的构造分带：中间为劈理化带及构造透镜体带，变形较强；两侧为节理破碎带和陡立岩层、岩层扰动带，变形较弱。带中劈理形态指示逆冲运动特征极为清楚。

干沟断层在三合顶南侧切割白石—苟家飞来峰前缘,可见须家河组地层逆冲推覆到飞来峰之上,表明飞来峰就位之后还有过再次逆冲活动。

3)南段(苍坪断层)

位于苍坪—天麻堂南侧一线,在大邑县倒沟头口断层出露最好,断层两侧地层产状明显不一致,上盘为 T_3x^3 黄褐色薄—中层粉砂岩夹深灰色薄层粉砂质泥岩,地层产状 $85°\angle15°\sim145°\angle33°$。下盘为莲花口组紫红色块状砾岩及紫红色中厚层粗砂岩,产状 $302°\angle45°$。断裂带宽约 $7\sim8m$,岩石明显破碎,在粉砂岩及粉砂质泥岩中,发育一系列劈理化带和构造透镜体。根据透镜体的排列方式和劈理特征,可判定为逆冲断层,断层产状 $312°\angle72°$。泰安寺—干沟—苍坪断裂在中南段有两段分别被白石—苟家飞来峰压盖,但由于该地段已十分接近飞来峰的前缘,飞来峰边界断层与干沟断层的夹角很小,因而实际上仅根据两类断层的交角关系很难确定其先后顺序,但由于干沟断层本身是具有明显的逆冲性质,飞来峰主体位于它的上升盘,而 SE 侧的下盘却未见被它切割的飞来峰,这表明干沟断层的发育应早于主体飞来峰的就位。然而情况并非如此简单,在干沟断层中段的琉璃坝—关山岗一带有两个规模很小的泥盆系飞来峰,它们与其西侧的飞来峰主体之间被狭窄的须家河组所隔,而干沟断层正是从中穿过并截覆了关山岗飞来峰的后缘,这表明干沟断层在飞来峰就位之后还有过再次逆冲活动。

4. 南段——中林—双石断裂

呈北东—南西向伸延,从北东向南西经大川、太平、双石、磨刀溪、小庙等地。再向南西经曹家村后向东偏转约 $30°$。地表呈向前陆盆地弯曲的弧线。

断层北西盘(上盘)为上三叠统须家河组,南东盘(下盘)主要为白垩系—古近系红层。仅在芦山围塔、天全大庙一带邻断层有少量侏罗系出露,其他各段则由于断层断失而未出露,致使三叠系须家河组直接与白垩系甚至下第三系接触,造成地层上大量缺失,沿断层线附近岩层产状多变,特别是须家河组产状十分混乱,断层形迹比较清楚。从芦山磨刀溪附近双石断层通过地点的剖面观察研究,其构造特征具有明显分带(图 6-6)。

①节理破碎带:带宽度大于 $100m$,原岩为上三叠统须家河组粉砂岩与粉砂质泥岩互层。此套岩石被多组节理切割形成一些不规则块体,节理间隔 $10\sim15cm$。在此带中还可见有局部劈理化亚带,带宽一般为 $10cm$,主要为破劈理,微劈石多呈长透镜体状,劈理面产状 $330°\angle60°$,劈理面上擦痕侧伏角较大。

②劈理带:带宽约 $40m$,原岩为须家河组泥质粉砂岩,粉砂岩及细砂岩。此套岩石受到极为强烈的破劈理化,劈理面间隔一般为 $1\sim2cm$,劈理面弯曲,微劈石呈长透镜状。劈理面产状 $330°\angle38°$。在劈理面上擦痕的侧伏角和侧伏向为 $80°NE$。在此带中构造岩为碎裂岩和初碎裂岩。此带与前一个节理破碎带呈渐变关系。

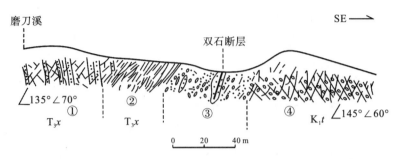

图 6-6　龙门山南段滑脱冲断构造——双石断层构造剖面图(据 1∶5 万天全幅、灵关幅)

③断层泥砾岩：带宽约 50m，为主断面通过的位置，由断层泥及角砾组成，主要是由须家河组砂泥岩碎裂、泥化而成。其结构疏松，角砾呈棱角状，砾径 1～3cm，在此带中见有砂岩透镜体夹于其中，排列方式为左行斜列状。此带与前一个带界线截然。

④节理破碎带：此带宽约 50m，原岩为白垩系天马山组厚层至块状砾岩，此套砾岩中发育两组节理，节理面间隔较宽，一般为 50～100cm，性质为剪性，砾岩中砾石被节理穿切、错开。节理面产状 295°∠34°，300°∠75°，此带与前一带界线截然。

根据双石断层带及两盘的共轭节理数据和小断层面上、破劈理面上的擦痕等数据，求得双石断层所受应力的主应力方位。其 σ_1 的倾向为北西 330°左右，倾角较小；σ_2 近于水平，倾向 240°；σ_3 近于直立。根据主应力轴方位，可以推断双石断层是由西北近水平方向的挤压而形成的。

6.1.3　异地系统构造特征

该区带最典型的构造特征是"双重结构"，即异地系统的岩体置于原地系统之上，形成飞来峰构造。下伏的原地系统主要由三叠纪须家河组构成一系列大小不等的逆冲断片，其上叠置由古生代和少数下中三叠统地层推覆和滑覆作用形成的飞来峰构造。

尽管飞来峰彼此孤立，但总体仍具有分布排列、构造线展布上呈北东定向规律。

1. 前龙门山北段滑覆构造——唐王寨飞来峰

北段飞来峰有大小十几处，分布于广元、江油、北川一线的彭灌推覆体之上。飞来峰下覆岩系为中上三叠统，飞来峰由下三叠统—奥陶系地层组成。其中唐王寨滑覆体规模最大，具有典型代表性。该滑覆体南段延至勘查区块的北部。

唐王寨滑覆体经近几年的详细研究(林茂炳和吴山，1991)已查明该飞来峰不是单一的滑覆体，而是由上、中、下三层滑褶式滑覆体叠置而成的"叠覆式"飞来峰(或滑覆)构造(图 3-7)；在唐王寨飞来峰南西的安县—清平—天池一线，还分布有一巨型飞来峰——清平飞来峰，经本次工作确认，它是一个至少由五个滑体叠覆构成的复合式飞来峰，并与唐王寨飞来峰相连。复合叠覆飞来峰每一层滑片均被圈闭的断层所围限，尤其在飞来峰的南西缘，明显可见每一滑覆体之下的断层成完整的"U"形环套状分布包绕飞来峰，且上飞来峰体的断层(滑面)叠覆于之下的飞来峰体的断层之上。

组成飞来峰的地层具有独立滑覆体内部地层层序正常，而滑覆体之间地层层序下新上老的倒置特征，即第五层由 D—P、第四层和第三层飞来峰体由 D—T_1、第二层飞来峰体由寒武系、第一层飞来峰体由 D—T_1 的组成。每层飞来峰内部构造多以褶皱(向斜)形式出现，变形强度(褶皱幅度和紧闭程度)下部比上部更强更复杂；单个飞来峰体内部变形则往往是前缘和侧缘(南东一侧)较后缘更强更复杂的特征。

因此，上部飞来峰体(第四、五层)中的向斜一般为一简单的褶皱；而中下飞来峰体中的向斜(第一、二、三层)均为复式褶曲，且次级褶皱均产生在飞来峰的南缘一侧——向斜的陡翼之唐王寨多重滑覆体的滑动面分别是以志留系泥页岩、中下三叠统薄层碳酸盐岩夹泥页岩的构造薄弱层作为滑脱层，在重力势的作用下，由高(北西侧)向低(南东侧)滑移，根据其根带位置经粗略估计其滑动距离至少在 10km 以上。

2. 前龙门山中段推覆构造——彭灌飞来峰

龙门山中段飞来峰又称彭灌飞来峰(群)。有大小约 30 个左右的飞来峰分布于勘查区块中北部的彭州、都江堰境内，成为龙门山中段地质构造的一大特色而蜚声中外。

飞来峰由泥盆系、石炭系、二叠系及少量下三叠统地层组成，偶见晋宁-澄江期花岗岩，下覆基座岩系主要为组成彭灌滑脱推覆体的上三叠统须家河组；个别飞来峰已直达前陆盆地之中，散布于侏罗系地层之上。

龙门山中段飞来峰构造根据其构造特征和成因可以划分为滑褶式、滑块式(滑片式)和"叠覆式"三种主要类型。

1)滑褶式飞来峰构造

滑褶式飞来峰是龙门山中段飞来峰的主要类型，它包括尖峰顶、棺木崖、大渔洞—七间房等飞来峰。这类飞来峰单个规模均较大，分布规律和定向性好，内部构造丰富多彩。均坐落在彭灌推覆体之上，单个飞来峰的长轴和内部构造线一致，均呈北东—北东东向展布，数个该类飞来峰常组合呈北东排列，内部构造线方位和构造样式相似并有断续相接的趋势。

飞来峰内部发育大量定向排列的褶皱构造，由泥盆系、二叠系和中下三叠统地层组成，由于这些地层的成层性较好，利于岩层在滑动作用下失稳褶皱形成滑褶式飞来峰构造。其内部褶曲规模均较小，由一系列相间平行排列的背、向斜组成，在大渔洞—七间房飞来峰中有规模大、发育完好的向斜构造。

滑褶式飞来峰内部构造变形以一系列的复杂－倒转、斜歪、平卧褶皱为主，褶曲轴面定向组合成一致北西倾的叠瓦状构造，并常伴有叠瓦状构造发育，且多集中发育在飞来峰的前缘和中部，并由前缘至后缘逐渐趋于减弱，为后缘拉张作用形成的伸展构造所替代。所在飞来峰前缘表现为强烈挤压形成的褶断带，中部表现为剪切作用形成的叠瓦状褶皱带。前缘和中部以塑性变形的褶皱作用为主，应变强；后缘则以脆性变形为主。但总体特征显示为浅层次的脆性变形。

滑褶式飞来峰具有在排列组合、构造线方向、构造样式等方面的相似性；相邻飞来峰的构造具有遥遥相接的趋势，且构造变形在整个飞来峰内部显示以挤压变形为主的性质，因此其属推覆成因。

2）滑块式飞来峰构造

滑块式（亦称滑片式）飞来峰是龙门山中段飞来峰构造的另一主要类型，它包括天台山、白鹿顶、塘坝子等飞来峰，单个规模不大，但数量众多。飞来峰内部褶皱构造不甚发育，定向性和组合规律不明显。它多由石炭系、下二叠统地层组成。

由于地层成层性差、强度大，不利于岩层失稳褶皱，而容易产生脆性破裂形成滑块式飞来峰。因此，该类飞来峰无论是其内部变形还是滑动面均以强烈的脆性变形为主。飞来峰内部发育大量张、张剪性断层，但规模小、定向性差；在飞来峰底部发育构造角砾岩，如塘坝子飞来峰下部发育厚达数十至数百米的构造角砾岩带（席），并自下而上破碎强度逐渐减弱，由碎粒岩过渡为构造角砾岩、破裂岩。由于这类飞来峰破碎程度高，在重力作用下进一步崩塌而解体，形成散落在"母体"周围的星散状飞来峰（次生滑塌体）。另一个特点是：滑块式飞来峰除了在滑脱冲断构造亚带上分布外，有些已直达前陆盆地之中，覆于侏罗系，乃至第四系地层之上。

3）"叠覆式"飞来峰构造

"叠覆式"飞来峰指数个单一飞来峰经数次推覆、滑覆作用，或滑覆－推覆叠加形成的复合体。其成因和特征类似前述的唐王寨—清平飞来峰构造，只不过中段"叠覆式"飞来峰较复杂而不如唐王寨飞来峰那样清晰可辨。其代表是小渔洞—九甸坪—龙溪飞来峰，过去曾一度被认为是一个单一的飞来峰，但实际上它是由三次推覆—滑覆叠加而成的复合体。后缘为石炭系—下二叠统地层组成的滑块式滑覆体，叠覆于下伏滑褶式飞来峰之上；分布在复合体的西南都江堰市九甸坪—龙溪一带，呈狭长片状产出，内部构造以直立或单斜构造形式出现，由滑覆作用形成。最下部推覆体由上二叠统—下三叠统地层组成，为一滑褶式滑覆体，分布在复合体东北小渔洞—七间房一线，再向北东分布的棺木崖、尖峰顶飞来峰与之特征相当，原来这些飞来峰曾应为统一体，飞来峰内部构造变形为一系列相间平行排列的褶皱构造，变形极为强烈复杂，为中段典型的滑褶式飞来峰，由推覆作用形成。中部和下部滑覆体各自位于"复合"飞来峰体的东西，从地层"倒置"关系上看，东段推覆体地层时代较西段新，故推测东段飞来峰可能早于西段飞来峰先形成。在东、西两段飞来峰的后缘叠置有另一个最上部的飞来峰——七间房—深溪沟飞来峰，它是由下二叠统和泥盆系地层组成，值得注意的是，二叠系和泥盆系之间呈平行不整合接触而缺失石炭系地层。该滑覆体内部构造相对简单，基本上为一倾向南东的单斜构造。在都江堰一带构成一简单的向斜，向斜轴线呈北东向，与下覆飞来峰构造线(北东东向)略有不同，变形特征存在明显差异而异于小渔洞—七间房下推覆体，所以它是叠置于小渔洞飞来峰之上的另一滑覆体。在南西都江堰市的九甸坪一带可见它叠覆于西段九甸坪—龙溪中飞来峰之上，两者以断层呈镶嵌方式相截，相截的界线附近还被上三叠统须家河组的狭长断片所分隔；从组成上来看，一个为石炭系—下二叠统地层，而另一个又沉积缺失石炭系，说明两个飞来峰的源区(根带)不会是同一处，当然也不会是同一个滑覆体。另外如果单纯从三个飞来峰地层组成的"倒置"关系上看，东段小渔洞—七间房飞来峰最新(上二叠-中下三叠统)，西段九甸坪—龙溪飞来峰次之(石炭系—下二叠统)，而中段七间房—深溪沟飞来峰最老(泥盆系和下二叠统)。由此推断，东段为最先滑覆形成的下飞来峰；西段次之；而中段是最后滑覆叠置在下、中飞来峰之上的上飞来峰。所以龙门山中段小渔洞—七间房—龙溪飞来峰是经三次推覆-滑覆作用形成的一个"叠覆式"飞来峰构造。但产状上东段小渔洞飞来峰实际是叠置于七间房—深溪沟飞来峰之上的，由此说明此三层滑覆体实际上来自不同源区，不能简单以组成地层的新老关系而论。

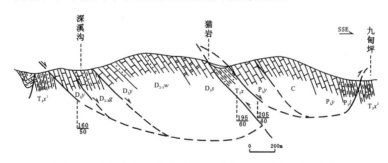

图 6-7　龙门山中段飞来峰结构(都江堰深溪沟构造剖面)

值得指出的是，七间房—深溪沟叠覆飞来峰中有一狭窄的由三叠系须家河组地层组成的断片，断片南东呈断层覆于飞来峰之上，断片北西又被飞来峰所覆压(图 6-7)，这表明飞来峰就位之后还有过再次逆冲活动将下伏须家河组逆冲推覆于飞来峰之上。

龙门山中段飞来峰的下伏岩系多为上三叠统须家河组砂泥岩，为推覆-滑覆体的向前滑动提供了良好的滑动面，因而中段飞来峰的推覆-滑覆距离较北段更大，一般大于 20km。

3. 龙门山中南段滑覆构造——白石—苟家大型复式飞来峰

该构造为龙门山飞来峰中最主要构造之一，分布在勘查区块中部，北起汶川县水磨乡白石一带，向 SW 经崇州苟家延伸到大邑县骆井溪，NE 长 30 余公里，NW 宽 10~12km，在龙门山区已知的飞来峰中，其规模仅次于龙门山北段的唐王寨飞来峰，面积达 330km²。在地层组成上以泥盆系为主，最新地层为三叠系嘉陵江组。外围均为上三叠统须家河组或侏罗系构成的准原地系统。在原 1：20 万灌县幅地质图上，该飞来峰北端漩口与都江堰境内的九甸坪—龙溪中飞来峰完整相连(当时称懒板凳—白石飞来峰)，延长数十公里，经 1：5 万区域地质调查(成都理工大学，1998)查明，它们之间并不连续，而是一些小型飞来峰断续分布，这不但使该飞来峰的总体特征更为显著，也使白石—苟家飞来峰更显出该飞来峰构造的"孤立"特征。

1)飞来峰的多层结构特征

白石—苟家飞来峰的整体结构具有明显的多层叠置特征，大体可分为三层。下层出露在飞来峰 NE 段的前缘令牌山—板桥山一带，是一个以二叠系为主体的向斜与原地岩系断层接触；向斜 NW 翼的大部分被上覆泥盆系所叠覆遮盖，而这部分泥盆系则是整个白石—苟家飞来峰的主体，也是中层，其基本构造为一轴向 NE 的不对称向斜，由翼部到核部，地层由泥盆系逐渐变新为紫红色的飞仙关组或嘉陵江组；但继续向内，却出现了一块面积可观的泥盆系观雾山组和沙窝子组地层，它们占据着区内地势最高的山峰，其平面形态大致呈一 NE 向拉长的椭圆形，这就是整个飞来峰的上层。其自身构造也是一个向斜，轴向也是 NE，只是其轴迹和地层都无法与下面的构造相吻合。因而白石—苟家飞来峰在整体上具有多层次结构特征，故称之为"复式飞来峰"，各层次间的地层关系均为老压新的断层接触倒序叠置，明显具有重力滑覆的特征(图 6-8)。

2)分层构造特征

(1)下层——板桥山飞来峰。由二叠系阳新组及龙潭组构成一个形态较为规整的向斜——乌坡向斜，轴线由北到南呈 NNE→NE 偏转，略向 SE 弧形突出。翼部最老地层(P_1y^1)位于苟家以北的大元宝一带；向斜核部龙潭组出露于九龙沟风景区的中心并向 NE、SW 延伸。向斜中-南段较为正常，NW 翼较 SE 翼略缓，轴面向 SE 陡倾，枢纽向 SW 平缓扬起；向斜北段挤压变形明显强于南段，并伴有横向平移断层(撕裂断层)。在五马槽西段，向斜 NW 翼还出现了陡倾和倒转现象。该飞来峰的北、东、南三面与准原地系统三叠系须家河组及侏罗系接触。

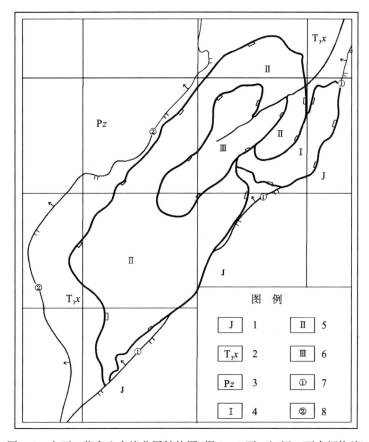

图 6-8 白石-苟家飞来峰分层结构图(据1:5万三江幅、万家幅修编)

1. 川西前陆构造带；2. 前龙门山构造带；3. 后龙门山推覆构造带；4. 下飞来峰体；5. 中飞来峰体；6. 上飞来峰体；7. 映秀断裂带；8. 彭灌断裂带

(2)中层——白石—长河坝飞来峰。该飞来峰是整个白石—苟家飞来峰的主体，占其全面积的 60% 以上，其主要特点是内部构造较完整，地层层序清楚，不同部位在地层、构造方面有较好的对应性和规律性。白石—长河坝飞来峰的基本构造类型为向斜，轴向 NE—SW，翼部最老地层为泥盆系养马坝组，核部最新为下三叠统嘉陵江组，向斜两翼地层层序正常。在产状上，SE 翼明显陡于 NW 翼，其前沿与须家河组接触部位的地层向 NW 陡倾，甚至于直立，NW 翼则以 30°～60° 的中等倾角为主。这样，其剖面形态为一轴面向 SE 倾斜的斜歪向斜。从整个飞来峰的平面形态和下伏系统的时代可以判断，飞来峰的底面断层呈勺形的封闭，其空间形态与上述向斜大体相当，显然具有滑覆构造的特征。滑脱面基本上是沿龙潭组和飞仙关组这两套软弱岩层发生的。白石—长河坝飞来峰的边界断层及内部断层均十分发育。飞来峰体的 SE 边界断层总体上均表现为倾向 NW 的逆冲断层，主要断层岩类型为角砾岩、碎裂岩，几乎未见劈理化现象，破碎现象在上盘明显较强。

(3)上层——锅圈岩飞来峰。锅圈岩飞来峰位于整个白石—苟家大型飞来峰的中部，呈不规则拉长状，长轴 NE 向，由泥盆系观雾—山组灰岩和沙窝子组白云岩构成，呈完全圈闭状叠置在中层主体向斜核部中段。飞来峰上层所处的地形位置是高山带的主要部分，标高均在 2300~2600m 上下，呈现明显的"老压新"现象。上层泥盆系的北段下伏系统为中层的二叠系，而南段则为三叠系、二叠系和泥盆—石炭过渡层茅坝组。这种地层的倒序叠置和上层在平面上的封闭形态表明它是一个晚期的外来岩块(相对中层来说)。上层与中层的断层接触关系在其前缘(SE 侧)均表现为向南斜向逆冲性质，断层总体产状向北陡倾，主破碎带宽度 20m 左右，其两侧还有多个次级挤压变形带，宽度一般都在 3~5m。断层带总的变形方式以劈理化及揉皱为主，含有透镜体，其挤压剪切变形特征清楚显示北盘上层块体向南冲滑，结合劈理面上大量滑痕(a 线理)方位统计，显著的点极密产状为 348°∠67°，这表明上层飞来峰的滑移方向是由 NNW 向 SSE。

3)飞来峰的运动学特征及叠加变形

飞来峰构造变形特征及运动方式是确定其构造性质和成因的重要方面，这在白石—苟家大型飞来峰内体现得最全面、最具规律性。

(1)变形差异及运动方向。从宏观上看，整个飞来峰内部，断层、褶皱均很发育(褶皱相对较弱)。如果将飞来峰内部的构造变形与总体的大向斜联系起来看，则可发现 SE 翼的变形明显强于 NW 翼，向斜两翼地层在完整程度方面的显著差异实际上反映出这一变形特征上的差异，SE 翼地层的大量缺失正是由于逆冲断层的发育造成的。详细观察表明，在飞来峰向斜内部发育着大量层间滑动构造，但在向斜两翼，其性质完全不同。SE 翼的层间滑动与断层性质相同，表现为向 SE 逆冲。主要的小型构造中，层间劈理和透镜化带最为常见，它们与层理小角度相交，但倾角陡于层理，并常常呈"S"形，这种层—劈关系和逆冲现象在龙门山飞来峰前沿屡见不鲜，它所反映的运动学指向是很清楚的。而在 NW 翼(尤其是在靠近飞来峰的后部)，层间剪切滑动构造不仅发育，甚至更为常见，类型也更多，现象更精彩，这正是在很多中小型飞来峰中难以可靠观察到的。但它们所反映的运动学特征却与 SE 翼正好相反。

(2)飞来峰的后期叠加变形。中南段飞来峰受后期叠加变形非常突出，第一，飞来峰后缘下滑被叠加改造：在飞来峰后缘普遍发育岩层局部陡立带、褶皱或显示水平挤压的大型共轭节理，但岩层内部仍清楚地保留着下滑构造；第二，飞来峰底部滑动面普遍呈较为强烈的波状起伏——褶皱了的底滑面，这个界面的产状具有明显的褶皱规律性，表明飞来峰就位之后再次受 NW—SE 挤压产生的变形。另从映秀断裂的特征上也能清楚地反映出来：断裂不仅逆冲在准原地的须家河组之上，而且也直接冲盖在飞来峰之上，这说明映秀断层在飞来峰就位之后有过再次逆冲活动，对已经就位的飞来峰产生挤压改造作用。

4. 前龙门山南段滑覆构造——金台山飞来峰

金台山飞来峰位于勘查区块南部的芦山县太平至宝兴县灵关镇一带，长约 13km，宽约 4~6km，面积约 70~75km²，呈不规则长条形北东 40°展布。该飞来峰主要由志留系、泥盆系组成，还可见有二叠系灰岩、玄武岩及下三叠统红色砂岩。其下伏系统主要为上三叠统须家河组成，局部为侏罗系和白垩系。

经填图及专题研究(成都理工大学，1990)发现，金台山飞来峰并非一个简单的块体，而是由多个不同地层组成的，变形特征各异，形成有先有后的多个块体叠置在一起，构成具有"多层叠覆式"结构的复杂飞来峰体。根据各个块体的空间叠置关系、内部构造变形特征及地层组成，可将金台山飞来峰至少划分为下、中、上三个飞来峰体，三层飞来峰体层层叠置，各个飞来峰体之间被断层分隔。

1)下飞来峰体

见于芦山县太平乡，大部分被中飞来峰体覆盖，出露面积约 10km²。由二叠系灰岩、玄武岩及下三叠统飞仙关组紫红色砂岩组成。

下飞来峰体内部构造变形强烈，褶皱、断裂发育，在芦山太平乡平基口等处可见二叠系灰岩、玄武岩、下三叠统飞仙关组砂岩等呈逆冲断片产出。但其总体分布上，组成一倒转背斜和向斜。褶皱轴面倾向北西，走向北东。褶皱内部被断层破坏而残缺不全，同时，在背斜核部的二叠系灰岩中还发育一系列次级小褶皱，使变形进一步复杂化(图 4-4)。除褶皱外，下飞来峰内部的断裂构造也极发育，内部小断层随处可见，越近主滑动带，破碎越强烈。主滑动带在飞来峰前缘形成一宽约 50m 的前缘构造破碎带。在破碎带中，玄武岩几乎全部破碎成大小不等的棱角状、透镜状岩块。尤其在破碎带中心，还可见到由玄武岩、须家河组砂岩及石英碎粒组成的构造角砾岩，角砾呈次棱角状，胶结紧密，角砾略具定向性排列。并可见下伏须家河组中的煤线向上沿裂隙穿刺于破碎的玄武岩中。

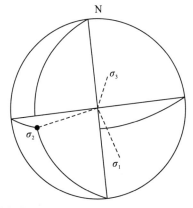

共轭节理 260°∠16° 170°∠67°
主应力轴方位 σ_1-153°∠58° σ_2-255°∠16°
σ_3-7°∠57°
剪裂角32°

图 6-9 金台山飞来峰下峰体
构造应力状态(据 1∶5 万灵关幅)

芦山平基口主滑动带构造角砾岩中的石英颗粒，利用电子自旋共振法（ESR），测得下飞来峰体主滑动带的形成年龄为113Ma。根据下飞来峰体前缘发育的共轭剪节理，求得其前缘主应力方位为：$\sigma_1 153°∠28°$，$\sigma_2 251°∠16°$，$\sigma_3 7°∠57°$（图6-9）。

2）中飞来峰体

中飞来峰体构成金台山飞来峰的主体，约占其出露总面积的四分之三。主要由志留系白沙组、秀山组，泥盆系平驿铺组、甘溪组、养马坝组、观雾山组组成。

从现存的中飞来峰体的构造特征上看，总的来说比较简单，横穿峰体由北向南、地层递次由老到新，构成一陡倾斜的单斜构造，以顺层或层间滑动构造显著为主要特征。褶皱不发育，仅在飞来峰中部甘溪组中出现一些小型褶皱。同时，飞来峰内部还发育几条平行飞来峰走向的北东向逆冲断层。虽然内部构造变形比较简单，但由于飞来峰就位机制及岩性的影响，在峰体的不同构造部位，其构造类型还是表现出一定的差异性，由西北至东南，大致可分为后部劈理带、前部顺层滑动带和前缘挤压破碎带。

（1）后部劈理带。该带位于中飞来峰西北部，主要由志留系页岩、泥盆系砂岩、粉砂岩、页岩组成。其主要构造特征是：页岩、粉砂岩劈理化十分强烈，形成顺层流劈理，劈理面陡立或微波伏弯曲。尤其是志留系页岩几乎全部劈理化，劈理面上具丝绢光泽。在宝兴黄果坪等处还可见志留系页岩中夹的薄层灰岩形成膝折，膝折面产状300°～315°∠15°～45°。同时，在飞来峰后部，常可见劈理又被后期"X"形共轭剪节理切割。

中飞来峰体后部除了强烈的劈理化外，在宝兴坪底下、中坝沟等处，还可见泥盆系甘溪组粉砂岩、泥岩中发育一系列小型褶皱，其轴向北东或北东东，轴面倾向北西或南东，倾角较陡为82°～83°。枢纽向北东或北东东倾伏，倾伏角20°～40°，属直立倾伏褶皱。

（2）前部顺层滑动带。该带及其主要构造特征见于泥盆系粉砂岩、灰岩、白云岩中。主要构造特征是：岩层均呈陡立产状，倾角一般在70°以上，沿层间发育一系列顺层滑动面和层间滑动带。褶皱不发育。顺层滑动面多出现于较坚硬的灰岩、白云岩层面之间，滑动面光滑、闭合、无充填物。层间滑动带多出现于坚硬岩层中所夹的软弱岩层，如灰岩中的泥岩夹层，滑动带一般宽约5～20cm，带中泥岩普遍劈理化，构成层间劈理带（图6-10），滑动面大多数倾向280°～340°，倾角65°～85°，部分倾向100°～170°，倾角30°～80°，滑动面上常见有擦痕和阶步，擦痕侧伏角30°～85°，侧伏向南西，少量向北东。根据滑动面上的擦痕、阶步及伴生的劈理等小构造判断，这些滑动面性质多样，逆断层、正断层均有，甚至还有少量的左旋平移断层。而且滑动方向也比较复杂，但以由北西向南东滑动占优势。这反映出飞来峰的主导滑动方向为由北西向南东。

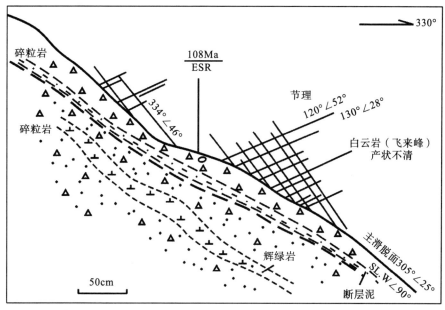

图 6-10　龙门山南段金台山飞来峰中峰体滑动面构造特征(据 1:5 万灵关幅)

尽管中飞来峰体内部的滑动性质复杂多样,但空间分布上还是表现出一定的规律,靠近后部以正断层滑动占优势,在宝兴坪底下南、芦山太平乡大河等处,都可见泥盆系中发育有一系列倾向北西或南东的小型顺层正断层。靠近前缘以逆断层滑动为主导,在宝兴灵关北、芦山宝林场、平基口等处,都可见泥盆系白云岩中发育有一系列小型逆冲滑动面。这表明,在中飞来峰体就位过程中,前缘主要受挤压作用,后缘局部存在拉伸作用。

(3)底部滑脱而与破碎带。

飞来峰底部滑脱而仅见于峰体东南侧,邻滑脱面两侧岩石均极破碎,常形成滑动破碎带。在芦山宝林场附近出露良好,主滑动带总体形态呈一凹面向上的勺状。除前缘外,露头极差,后缘常被上飞来峰体覆盖。

在飞来峰前缘,主滑动带表现为一强烈挤压破碎带,呈上陡下缓的铲形,总体倾向 320°~330°,倾角沿走向各处不一,在灵关,主滑动带倾角约 50°,至康家山变为约 40°,至宝林场变为约 35°。由滑动带内断面上的擦痕、阶步等可知,该滑动带表现为由北西向南东的逆冲。

前缘滑动挤压破碎带宽度约 20m,横向分带明显,以芦山宝林场地区为例,由破碎带中心向飞来峰一侧,可分为强烈破碎带、逆冲滑动带、节理透镜体带和稀疏节理带(图 6-11)。

由上述分带可看出,前缘挤压破碎带的变形强度由中心向飞来峰内部逐渐减弱。在芦山宝林场中飞来峰前缘破碎带中，采集石英颗粒利用电子自旋共振法（ESR），测得中飞来峰体主滑动带形成年龄为 108Ma（据 1：5 万天全、灵关幅）。

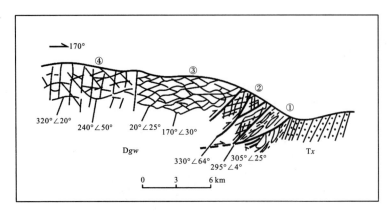

图 6-11　龙门山南段金台山飞来峰中峰体前缘构造特征（据 1：5 万灵关幅）

上述对中飞来峰体内部构造的分带只是相对的，各带之间并无明显的分界。这种内部构造的差异，一方面是受其就位机制的影响，另一方面岩性的不同也是重要原因。如劈理，除发育在滑动带中外，主要发育在页岩、泥岩和粉砂岩中，而较坚硬的灰岩、砂岩中劈理则不发育，代之出现节理；薄层泥岩、灰岩中发育小褶皱或膝折。而中－厚层灰岩、白云岩中各类小构造均不发育，仅呈陡立产状。

（4）中飞来峰体内部应力状态。飞来峰内部的构造变形与其应力状态基本一致。前部表现为一种相对挤压应力状态，故发育有较多的逆冲滑动面和前缘挤压破碎带。而后部表现为一种相对的拉张应力状态，故而存在较多的正断层，但同时，后部又存在由于挤压形成的流劈理和小褶皱，并且流劈理多被节理切割，这可能表明中飞来峰体的滑移和就位受双重机制的控制，前期挤压推覆，后期局部遭伸展作用的结果。

3）上飞来峰体

上飞来峰体分布于黄果坪、打茶坪、中岗子及大圆包一带，覆于中飞来峰体陡立岩层之上。主要由志留系罗惹坪组页岩、泥盆系中厚层灰质白云岩、灰岩组成。上飞来峰体由于后期的剥蚀，现已分离成两块，一块较大，位于黄果坪，中岗子一带；另一块较小，位于大圆包一带。

上飞来峰体的主要构造特征是：志留系及泥盆系构成一系列形态开阔的背、向斜覆盖于中飞来峰体之上。褶皱两翼倾角一般为 20°～35°，局部达 70°，轴面倾向 300°～320°或 130°～140°，倾角 82°～87°，轴向 210°～225°，与上飞来峰体延伸方向基本一致，枢纽产状 209°～230°∠4°～14°。按 Rickard 分类标准，多为直立水平褶皱。

除发育褶皱外，上飞来峰体的志留系页岩均强烈劈理化，形成顺层流劈理，劈理面上具丝绢光泽，可见绢云母等变质矿物。

上飞来峰体底部主滑动面总体形态呈微向南东倾的波状起伏面，倾角较缓，与上覆岩层产状接近一致。在大圆包，滑动面呈勺状，南东侧产状约 $305°∠15°$，北西侧产状约 $148°∠25°$。在中岗子南侧，滑动面产状为 $320°∼340°∠38°∼40°$，在黄果坪附近产状约为 $300°∠20°$。后缘仅在中岗子南侧和黄果坪附近见有零星露头。上飞来峰体底部滑动面宽约 3m 的破碎带，破碎带主要由下伏中飞来峰体志留系白沙组鲜红色页岩、泥岩组成。泥页岩已褪色成黄色、灰白色，并形成破劈理，在破碎带中心形成松散状的断层泥。泥盆系灰质白云岩位于破碎带北西侧，由北西向南东逆覆于南东侧陡立的志留系泥、页岩之上。在泥盆系灰质白云岩中，发育小型叠瓦式逆冲滑动带及破劈理。破碎带总体产状与上覆泥盆系产状基本一致。

根据黄果坪附近上飞来峰体下主滑动带碎裂岩中石英颗粒，以电子自旋共振法(ESR)测得其形成年龄为 48Ma(据 1∶5 万天全幅、灵关幅)。

金台山飞来峰除上述下、中、上三个叠覆的块体之外，在宝兴黄果坪一带尚可见呈面状分布的角砾状灰岩，直接覆于上飞来峰之上，地形上构成山头的顶盖。角砾状灰岩的原始成层构造已全部破坏殆尽。角砾呈棱角状，杂乱无序堆积，部分角砾间彼此尚能相互嵌合。成分单一，含蜓科化石，系二叠系灰岩破碎而成，后又被钙质紧密胶结成岩。根据这套角砾状灰岩的分布特征及物质组成，初步推断它可能为另一个飞来峰体的残留体。

6.1.4　原地系统构造特征

指伏于飞来峰之下的原地构造变形系统，以发育断裂构造为主，将原地系统的地层切割成 NE 展布的条片状岩块或推覆-滑脱断片。褶皱构造不太发育，规模小，延续性差，而且都与滑脱冲断推覆断裂相伴，属推覆-滑脱作用形成的断褶(断弯-断展褶皱)构造，其典型构造如下。

草坝(断弯)背斜。位于中段彭州草坝，褶皱轴向 NE-SW，可视出露长度约 $5∼6km$，背斜发育在 T_3x^2 中，其主要岩性为砂页岩夹煤层。两翼相背而倾，基本为单斜地层，倾角中等。南东翼倾角较北西翼陡，背斜总体形态开阔、圆滑，枢纽平缓向南西倾伏，轴面倾向 NW 且较陡，其位态类型为斜歪水平褶皱。背斜发育于彭灌断裂带上(北西)盘，为彭灌断裂推覆-滑脱作用形成的断弯背斜构造(图 6-12)。

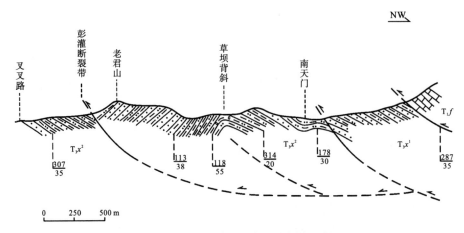

图 6-12　龙门山中段彭州草坝背斜构造剖面

水磨（断弯）背斜。分布于中南段，被飞来峰覆盖而出露不全，从北到南背斜的轴向有变化。在漩口红庙子一带轴向 NE，出露长度约 2km，至水磨轴向开始转向 NNE，地表出露长度 1km，到马桑树一带背斜轴向也呈 NNE，出露长度仅 500m±，在不同地段两翼出露宽度大致相等。背斜以 T_3x^2 为核部，其主要岩性为砂页岩夹煤层，两翼对称出露 T_3x^3 的砂泥岩互层。NW 翼相对简单，基本为单斜地层，倾角中等。在距映秀断裂约 1.5km± 被花丘坪断层所切，背斜 SE 翼发育多个次级褶皱，其变形相对较强。该背斜总体形态开阔、圆滑，枢纽平缓，轴面倾向 NW 较陡，其位态类型为斜歪水平褶皱。

荣华山（断弯）向斜。位于中南段，轴向 NE，全长约 10 余公里，主要由侏罗系五龙沟砾岩组成，NW 翼 T_3x^3 与漩口水磨背斜相邻，SE 翼被泰安寺断层所切，出露不完整，仅保留极少量 T_3x^3。向斜两翼均为中等倾角（SE 翼稍陡）轴面近于直立，轴线由北段的北东向至南部转为北北东向，核部被黑风槽断层切割，计算机作褶皱 π 图显示：向斜南段两翼产状极密部相当对称集中，两翼平均产状分别为 96°∠46°、300°∠59°，枢纽向 21°方向倾伏，倾伏角 15°，轴面产状109°∠81°。向斜北段两翼产状相对变化较大，多个极密部呈环带状排列，枢纽产状233°∠6°。向斜中南段枢纽有起伏，较北东段稍平缓，其位态类型为斜歪倾伏褶皱。在五马槽路线查明，尽管该向斜向 SW 有扬起趋势，但侏罗系并未内倾转折封闭，而是直接被泥盆系和二叠系飞来峰所覆盖。

双石（断弯）背斜。双石背斜分布于南段，轴向为 NE50°左右，全长约 12km，北东端在石宝岩北东（需米山）一带倾伏，转折端较为紧闭，呈尖棱状，南西端在大溪乡一带倾伏，转折端也较紧闭。在纵向上被多条斜向断层所切（图 6-13），组成整个褶曲的地层为须家河组。其核部为灰白色厚层状中粒砂岩，两翼为泥质粉砂岩，泥岩及砂岩组成。两翼产状不对称，北西翼产状正常，倾角 65°左右；南东翼近于直立或微倒转，走向 NE50°左右。其轴面倾向北西 330°左右，倾角 80°

左右。枢纽中段近于水平，两端分别向 NE 和 SW 倾伏，倾伏角 10 余度。

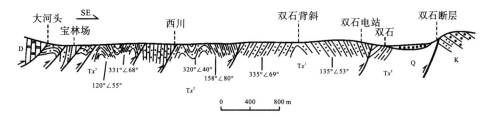

图 6-13　双石断弯褶皱(背斜)构造剖面图(据 1：5 万天全、灵关幅)

在双石背斜北西翼，金台山飞来峰南东侧外缘和双石背斜北西翼之间，沿灵关—西川—宝林场—马河坝一线，呈 NE 向断续分布若干小规模褶皱。单个褶皱的波长一般十几米，其延伸不远即消失。轴面产状较陡，枢纽倾伏角较小。少数为倒转褶皱。

在宝兴县中坝乡一带，亦见若干中、小型背、向斜，波长数十米至十余米，轴面产状 310°~327°∠47°~86°，枢纽产状 13°~37°∠12°~42°，为一组斜歪倾伏褶皱，以正常褶皱为主，个别为倒转褶皱，多为等厚褶皱。翼间角 60°~97°，转折端多呈圆弧状。褶皱轴向 NE，延伸不远即被金台山飞来峰覆盖，可代表飞来峰直接下伏岩层中的褶皱特征。

6.2　关于龙门山飞来峰群的几点讨论

龙门山飞来峰具有相当高的统一性，例如大多数分布在映秀—北川断裂和彭灌断裂之间的狭长区域(图 6-1)，从而组成一个绵延数百公里的飞来峰带。

6.2.1　龙门山飞来峰群的一致性

1. 飞来峰形状及分布

单个飞来峰多呈长条形，长轴呈 NE 定向。例如金台山飞来峰长约 13km，宽约 4~6km，呈不规则长条形 NE40°展布。大鱼洞—龙溪飞来峰仅在都江堰一带就长约 35km，宽约 2~5km。

这些长条形的飞来峰首尾相望，呈北东—南西方向的串珠状展布于龙门山前山的狭长地带，几乎可以连成一条直线，而且其展布方向与龙门山推覆构造带平行。

2. 构造上的一致性

尽管各个飞来峰彼此相互分离，但其内部的构造线方向、构造样式、构造性质等方面却具有高度一致性。

龙门山多数飞来峰，尤其是大型飞来峰内部构造以发育向斜为主，向斜基本都是北西翼倾向南东，南东翼倾向北西。轴迹走向为北东—南西，其构造线方向与整体外形的延伸十分协调，而且与龙门山推覆构造带走向一致。

飞来峰内部构造呈北东—南西走向。如尖峰顶飞来峰，其内部褶皱和断层发育。在飞来峰前缘和中部还发育有次级倒转褶皱和斜歪褶皱。无论是主要褶皱或次级褶皱，其褶皱轴面均向北西倾斜。断裂主要发育在推覆体前部和中部。这些逆断层构成倾向北西的叠瓦状构造。

3. 叠置飞来峰构造特征

通过对分布于龙门山北段、中段、中南段和南段飞来峰群的综合研究表明，研究区的飞来峰存在三种基本类型：滑褶式、滑块式和叠覆式。虽然位于龙门山不同地段的叠覆式飞来峰中各结构层的飞来峰类型不相同（表 6-1），但它们内部的变形特征十分相似，以褶皱和断裂构造为主要变形方式。飞来峰内部的褶皱轴和断裂呈 NE 走向，构造线的走向与整个龙门山造山带的构造线方向相一致。飞来峰的前缘多发育逆冲断层和伴生褶皱，后缘出现大量正断层性质的下滑型构造，显示出明显的前缘逆冲后缘伸展的特征。

表 6-1　叠覆式飞来峰中不同结构层内飞来峰的类型比较

名称	北段	中段	中南段	南段
	塘坝子飞来峰	小渔洞—九甸坪 —龙溪飞来峰	白石—苟家飞来峰	金台山飞来峰
上部层	滑褶式	滑块式—滑褶式	滑褶式	滑褶式
中部层	滑褶式	滑块式	滑褶式	滑块式
下部层	滑块式	滑褶式	滑褶式	滑褶式

中段和中南段的滑褶式飞来峰中，褶皱构造常以开阔的向斜构造为主。向斜构造具有明显的不对称性，表现为南东翼陡、断层发育、地层多有断失而较薄，北西翼相对较缓、地层完整而较厚；褶皱轴面倾向以南东为主，与下伏准原地推覆体中褶皱轴面倾向（倾向北西）迥异。中段和中南段滑褶式飞来峰所表现出来的特征，与北段唐王寨飞来峰（林茂炳等，1996；吴山等，1999）有良好的对应性。但在龙门山南段，滑褶式飞来峰中的褶皱不再是单一的向斜构造，褶皱构造更为丰富，轴面倾向 NW 或倾向 SE 的褶皱并存。

虽然不同地段的飞来峰的变形样式有所差异，但无论是龙门山北段的塘坝子飞来峰（林茂炳等，1996），还是中段的小渔洞—九甸坪—龙溪飞来峰、中南段的白石—苟家飞来峰、南段的金台山飞来峰，叠覆式飞来峰均具有明显的三层楼结构，暗示在整个龙门山至少存在三次统一的区域性的滑覆作用。

6.2.2　关于龙门山飞来峰根带的讨论

对于龙门山飞来峰根带存在较多的争议(刘肇昌和代真勇，1986；林茂炳等，1996；马永旺和刘顺，2003)。刘肇昌和代真勇(1986)提出它们来源于映秀—北川断裂带，是断裂带挤出产物。林茂炳等(1996)依据彭灌杂岩之上可见零星飞来峰(李远图，1989)，从而提出根带来自于彭灌杂岩之上。马永旺和刘顺(2003)则提出它们来自于映秀—北川断裂东侧地区。我们认为滑覆体的根带应来自于北川—映秀—小关子断裂西侧的后龙门山推覆构造带的彭—灌杂岩、宝兴杂岩之上。其依据如下。

(1)龙门山前缘所发育的多数飞来峰所具有的变形特征、叠覆式飞来峰典型的三层楼结构和不同结构层间倒置的时序关系，表明这些飞来峰群应是十分典型的滑覆体，因此它们应不是从映秀断裂带中挤出的。

(2)彭—灌杂岩和宝兴杂岩之上覆盖有与飞来峰相当的地层单元残存。通过对白水河—关口剖面白水河段的详细地质填图发现(四川省地质矿产局，1996)，在盆—山接合部的造山带一侧黄水河群变质基底上，发现了与飞来峰组成相同的地层单元，并以断层的形式叠置于基底变质岩系之上(图6-14)。同时，也可见大小不等的飞来峰直接滑覆于北川—映秀断层带上，表明飞来峰的根带应当位于北川—映秀断裂带北侧的彭—灌杂岩之上。同样，在龙门山南段的宝兴杂岩推覆体之上，也可以见到与盆地内飞来峰相同的地层单元。

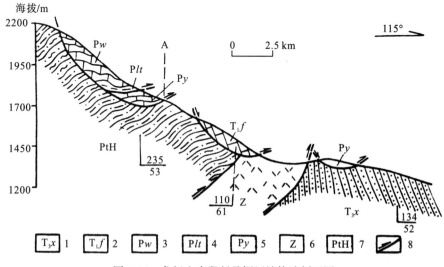

图6-14　龙门山中段彭县铜厂坡构造剖面图

1. 须家河组；2. 三叠系飞仙关组；3. 二叠系吴家坪组；4. 二叠系龙潭组；5. 二叠系阳新组；6. 震旦系；7. 黄水河群；8. 断层

(3)龙门山逆冲推覆构造带曾经是川西前陆盆地的一部分，它具备与飞来峰岩性相当的地层单元的条件。须四段沉积时，龙门山逆冲推覆构造带被初始抬升，盆地基底的泥盆系—三叠系碳酸盐建造初始抬升，并在燕山期和喜马拉雅期长期作为川西前陆盆地物源区。说明在北川—映秀—小关子断裂带以西确实存在着与飞来峰相当的地层单元。

6.2.3　飞来峰带的形成时间

对于飞来峰构造的形成时间存在两种不同的认识：喜马拉雅期(林茂炳等，1996；吴山等，1999；成都理工大学，1998)或印支晚期-早燕山期(马永旺和刘顺，2003)。笔者认为滑覆活动应始于中新世时期。

在白水河—关口剖面和崇庆怀远—公安构造剖面上，飞来峰下伏的最新地层为侏罗系，表明飞来峰的滑覆至少应是晚于侏罗纪。在崇庆怀远—公安剖面上，针对下部结构层和上部结构层，分别在滑脱面上的构造岩中选取方解石进行了ESR电子自旋共振测年，分别获得了 6.9Ma 和 4.8Ma 的年龄(成都理工大学，1998)，由此限定第一次滑覆可能始于 6.9Ma，第三次滑覆开始于 4.8Ma。

通过对造山带一侧松潘甘孜褶皱带、龙门山逆冲推覆带内的花岗岩和变质岩中磷灰石进行裂变径迹测年表明：在松潘—甘孜褶皱带内获得了 7.3±1.4Ma、6.6±2Ma、4±3.2Ma、3.9±1.2Ma 的径迹年龄，在龙门山逆冲推覆带内获得了 6.5±2.4Ma、8.7±5.6Ma、10.5±7.2Ma 的径迹年龄。这些径迹年龄和其他地质证据表明，川西高原的快速隆升主要始于中新世(刘树根，1993)。正如前述，飞来峰的根带来自于造山带一侧，而中新世—上新世的快速隆升，可使覆于龙门山逆冲推覆构造带基底杂岩之上的泥盆-三叠系地层快速抬升到一个较高的高度，而为滑覆提供了必要的条件，这也与飞来峰的滑覆时间晚于造山带的快速隆升时间相吻合。

基于上述事实推知大规模的滑覆作用应始于中新世晚期，可能止于上新世早中期。

第7章 结 论

本书通过细致的野外地质调查和室内综合分析，对龙门山中段清平飞来峰的地质特征、成因机制等进行了深入研究，得出如下认识和结论。

(1)比较分析了前人关于飞来峰的定义，从论述严密和现场可操作性出发，认为飞来峰是"与周围下伏岩系在物质组成和构造等地质特征方面都不相同、并且在建造成因上也完全无关的孤立岩块。"

(2)重新界定了飞来峰的类型划分，以飞来峰来统称各种成因的孤立岩块。对由多个峰体相互叠置的飞来峰，不论其是推覆体还是滑覆体，都定义为叠覆式飞来峰。对单个飞来峰以其成因机制，划分为推来峰和滑来峰。前者表示由推覆体形成的飞来峰，后者表示由重力滑动形成的飞来峰。将单个峰体的滑来峰分为滑褶式滑来峰和滑块式滑来峰两种。

(3)依照飞来峰的定义，对清平飞来峰进行了厘定。研究发现，清平飞来峰底面平缓，并且底滑面后缘倾向南东，前缘倾向北西，整体呈上凹的勺形；飞来峰大部分后缘断裂以及峰体并没有出露，而是被高陡的映秀—北川断裂所上冲切割，可以基本确定它是无"根"的孤立岩体；清平飞来峰与准原地系统的岩石地层具有明显差异，显示二者形成时的环境差异明显，不是同一地区沉积的产物，即具有不同的成因建造以及物质组成；清平飞来峰与准原地系统的构造方向、构造类型等特征则明显不同。这些特征均符合前述的飞来峰概念，可以确定其为飞来峰。

(4)清平飞来峰具有典型的"多层楼"特征，根据研究区各地质体的几何特征、物质组成、变形特征以及运动学、动力学规律，可将清平飞来峰划分为五层，是目前发现的龙门山飞来峰带中层数最多的。从下向上分别是：龙王庙—白云山飞来峰(Ⅰ层)、盐井沟—水晶沟飞来峰(Ⅱ层)、顶子崖—罗元坪飞来峰(Ⅲ层)、燕儿岩—金溪沟飞来峰(Ⅳ层)、二郎庙飞来峰(Ⅴ层)。各层飞来峰边界断裂分别为王家山—卸军门断层、清平断层、岐山庙—黄羊坪断层、高川—香炉山断层、二郎庙断层。

(5)清平飞来峰是龙门山较为典型的复式飞来峰，具有明显的叠覆式飞来峰特征。其内部峰体构造复杂，具有不同的变形规律和特征：

①Ⅰ层飞来峰前缘、后缘断裂都具有明显的挤压特征，变形强烈；飞来峰内部构造类型以褶皱为主，均为不对称的倒转褶皱，西缓东陡的褶皱背斜两翼与西

陡东缓的向斜相间排列，波浪式涌向南东，显示为北西—南东向的挤压；属于挤压应力下形成的推来峰。

②Ⅱ层飞来峰后缘断裂显示早期挤压推覆特征，并且受到后期叠加影响；由前缘断裂形成的倒转向斜判断前缘断裂也具有挤压特征；故该飞来峰为推来峰。

③Ⅲ层飞来峰前缘断裂挤压特征明显，并伴有倒转褶皱，中部以宽缓褶皱为主，从后缘到前缘，褶皱形态由开阔到紧闭，轴面由直立到向北西倾倒，构造变形逐渐强烈，具典型的重力滑覆特征，因此判断该层飞来峰属于重力滑覆形成的滑来峰。鉴于峰体目前的紧闭的向斜是由于上部峰体改造的结果，推测飞来峰就位初期应该整体为一个向斜，具有宽缓的两翼、对称的地层关系。因此，分析该飞来峰为滑块式滑来峰。

④Ⅳ层飞来峰整体以一个受映秀断裂改造的向斜为主，从该峰体西部向斜核部转折端变形分析，该向斜原来也是一个较为宽缓的向斜，变形不强烈；该飞来峰体中常常看到类似塘坝子飞来峰的破灰岩，显示滑覆特征，由此分析该飞来峰为滑块式滑来峰。

⑤Ⅴ层飞来峰从北西向南东具有典型的后缘拉张、前缘挤压特征，按成因分类可归于滑来峰，由其整体岩层产状单一，松散破碎但整体规律性明显，按变形分类可归于滑块式滑来峰。

(6)根据变形特征分析，Ⅰ层和Ⅱ层飞来峰属于推覆成因，Ⅲ层～Ⅴ层飞来峰是滑覆形成的。这种推覆体与滑覆体同时出现在同一飞来峰中，为龙门山仅见，并且印证了龙门山飞来峰先推覆后滑覆的观点。

(7)清平飞来峰的滑覆共包括Ⅲ层、Ⅳ层、Ⅴ层飞来峰，这三层具有组成地层下新上老、层层叠置的特点，进一步证明了上部三层飞来峰是滑覆成因的观点。

(8)清平飞来峰中的滑覆体具有典型特征，从构造变形强度来看，具有上层变形弱、下层变形强烈的特征和规律。显示了每次上层飞来峰就位对前期就位飞来峰的改造叠加。每层飞来峰形成初期均为简单的宽缓向斜，被后期发育的飞来峰改造之后，形成倒转向斜，轴面倾向北西。在此期间，每层飞来峰就位都对先期形成的飞来峰具有改造。早期形成的飞来峰构造经反复叠加，构造相对复杂、变形强烈。后形成的飞来峰构造叠加少，变形相对较弱。

(9)根据对研究区的研究，结合对前龙门山构造带的认识，笔者认为研究区的发育经历了四个演化阶段。即晚三叠纪前的稳定大陆边缘沉积期，印支期褶皱及逆冲推覆，燕山期隆升，喜马拉雅期推覆、滑覆。其中Ⅰ层、Ⅱ层推来峰的推覆体形成于印支期，燕山期后龙门山构造带的隆升以及映秀断裂的活动造成了上述推覆体后缘上拱遭受剥蚀或者被映秀断裂切割，与母体分离形成推来峰；Ⅲ层、Ⅳ层、Ⅴ层飞来峰的滑覆形成于喜马拉雅期的早更新世。与之相对应，清平飞来峰的演化可以分为早期推覆阶段(印支期)，全面隆升以及重力势孕育阶段(燕山期)，滑覆阶段(喜马拉雅期)。

(10)推覆与滑覆密切相关，滑覆体很多都是早期的推覆体，与根带脱离形成的。推覆作用又为滑覆提供了触发因素。

(11)结合龙门山飞来峰带的根带讨论，以及研究区古地理研究，作者认为清平飞来峰的根带为映秀—北川断裂带以西的彭灌杂岩的之上，其依据为：

①现今彭灌杂岩之上覆盖有多个小型飞来峰，其物质组成与清平飞来峰物资组成具有一定对应性。

②根据前述的研究，形成Ⅰ层、Ⅱ层飞来峰的推覆体来自映秀断裂北西，后来由于后龙门山推覆构造带的隆起以及映秀断裂活动的影响使飞来峰体与母体分离。

③Ⅲ层、Ⅳ层、Ⅴ层滑来峰所具有的变形特征、叠覆式飞来峰典型的三层楼结构和不同结构层间倒置的层序关系，表明它们应是十分典型的滑覆构造。野外调查发现Ⅴ层滑来峰直接盖在北川—映秀断层之上，表明飞来峰的根带应当位于北川—映秀断裂带北侧的彭—灌杂岩之上。

参 考 文 献

蔡立国，刘和甫. 1997. 四川前陆褶皱-冲断带构造样式与特征[J]. 石油实验地质，19(2)：115-120.

蔡学林，魏显贵，刘援朝，等. 1996. 论楔入造山作用——以龙门山造山带为例[J]. 四川地质学报，16 (2)：97-102.

蔡学林，朱介寿，曹家敏，等. 2004. 四川黑水-台湾花莲断面岩石圈与软流圈结构[J]. 成都理工大学学 报(自然科学版)，31(5)：441-451.

曹伟. 1994. 龙门山推覆构造带中段前缘构造浅析[J]. 石油实验地质，16(1)：35-40.

陈社发，邓起东，赵小麟，等. 1994. 龙门山中段推覆构造带及相关构造的演化历史和变形机制(二)[J]. 地震地质，16(4)：413-420.

陈社发，邓起东，赵小麟，等. 1994. 龙门山中段推覆构造带及相关构造的演化历史和变形机制(一)[J]. 地震地质，16(4)：404-412.

成都理大学区域地质调查队. 1993. 中华人民共和国地质图(1：5万都江堰幅、海窝子幅)[R].

成都理大学区域地质调查队. 1995. 中华人民共和国地质图(1：5万火井幅、夹关幅)[R].

成都理大学区域地质调查队. 1996. 中华人民共和国地质图(1：5万天全幅、灵关幅)[R].

成都理大学区域地质调查队. 1999. 中华人民共和国地质图(1：5万三江幅、万家坪幅)[R].

成都理工大学. 1990. 1：5万天全幅、灵关幅地质图[R].

成都理工大学. 1998. 1：5万万家坪幅、苟家幅地质图[R].

达维塔什维里. 1956. 古生物学教程(下卷，第一分册)[M]. 陈旭，李佩娟，等译. 北京：地质出版社.

郭正吾，邓康岭，韩永辉，等. 1996. 四川盆地的形成与演化[M]. 北京：地质出版社.

韩建辉，李忠权，王道永. 2009. 龙门山中段清平叠覆式飞来峰的厘定[J]. 成都理工大学学报(自然科学 版)，36(3)：305-310.

韩建辉，王道永，李忠权. 2008. 龙门山中段清平飞来峰的构造变形特征及形成机制[J]. 沉积与特提斯 地质，28(3)：8-14.

韩建辉. 2006. 论龙门山飞来峰群[J]. 沉积与特提斯地质，26(1)：55-59.

韩同林，劳雄，陈尚平，等. 1999. 四川彭州葛仙山巨型冰川漂砾的发现及意义[J]. 中国区域地质，18 (1)：59-68.

侯建勇，林茂炳. 1993. 龙门山南段金台山飞来峰的结构样式[J]. 成都地质学院学报，20(3)：52-58.

黄汲清，陈炳蔚. 1987. 中国及邻区特提斯海的演化[M]. 北京：地质出版社.

黄泽光，刘光祥，潘文蕾，等. 2003. 川西坳陷压扭应力场的形变特征及油气地质意义[J]. 石油实验地 质，25(6)：701-707.

贾东，陈竹新，贾承造，等. 2003. 龙门山前陆褶皱冲断带构造解析与川西前陆盆地的发育[J]. 高校地 质学报，9(3)：402-410.

拉根. 1984. 构造地质学几何方法导论[M]. 北京：地质出版社.

李扬鉴，张星亮，陈延成. 1996. 大陆层控构造导论[M]. 北京：地质出版社.

李勇，曾允孚，尹海生. 1995. 龙门山前陆盆地沉积及构造演化[M]. 成都：成都科技大学出版社.

李远图. 1989. 龙门山南西段飞来峰构造的基本特征[J]. 中国区域地质，(3)：247-249.

李智武，刘树根，陈洪德，等. 2008. 龙门山冲断带分段-分带性构造格局及其差异变形特征[J]. 成都理工大学学报(自然科学版),35(4):440-454.

李忠权,刘顺. 2010. 构造地质学[M]. 北京:地质出版社.

林茂炳. 1994. 初论龙门山推覆构造带的基本结构样式[J]. 成都理工学院学报,21(3):1-7.

林茂炳,苟宗海,王国芝,等. 1996. 四川龙门山造山带造山模式研究[M]. 成都:成都科技大学出版社.

林茂炳,苟宗海,吴山,等. 1997. 龙门山地质考察指南[M]. 成都:成都科技大学出版社.

林茂炳,苟宗海. 1996. 龙门山中段地质[M]. 成都:成都科技大学出版社.

林茂炳,吴山. 1991. 龙门山推覆构造变形特征[J]. 成都地质学院学报,18(1):46-55.

林茂炳. 1994. 初论龙门山推覆构造带的基本结构样式[J]. 成都理工学院学报,21(3):1-7.

林茂炳. 1996. 初论陆内造山带的造山模式——以四川龙门山为例[J]. 四川地质学报,16(3):193-198.

刘和甫,梁慧社,蔡立国,等. 1994. 川西龙门山冲断系构造样式与前陆盆地演化[J]. 地质学报,68(2):101-118.

刘和甫. 1993. 沉积盆地地球动力学分类及构造样式分析[J]. 地球科学:中国地质大学学报,18(6):699-724.

刘和甫. 1995. 前陆盆地类型及褶皱-冲断层样式[J]. 地学前缘,2(3):59-68.

刘树根,罗志立,戴苏兰,等. 1995. 龙门山冲断带的隆生和川西前陆盆地的沉降[J]. 地质学报,9(3):205-213.

刘树根,罗志立,赵锡奎,等. 2003. 中国西部盆山系统的耦合关系及其动力学模式——以龙门山造山带—川西前陆盆地系统为例[J]. 地质学报,77(2):177-186.

刘树根,童崇光,罗志立,等. 1995. 川西晚三叠世前陆盆地的形成与演化[J]. 天然气工业,15(2):11-15.

刘树根,赵锡奎,罗志立,等. 2001. 龙门山造山带—川西前陆盆地系统构造事件研究[J]. 成都理工学院学报,28(3):221-230.

刘树根. 1993. 龙门山冲断带与川西前陆盆地的形成演化[M]. 成都:成都科技大学出版社.

刘万全. 2001. 1999年9月14日绵竹清平5.0级地震序列分析[J]. 四川地震,(1):45-48.

刘肇昌,代真勇. 1986. 四川彭县推覆构造的特征与形成[J]. 地球科学,11(1):13-20

龙年,陶晓风. 2012. 龙门山北段宝珠寺飞来峰的特征及形成演化[J]. 地质学刊,36(4):355-359.

龙年. 2013. 龙门山北段宝珠寺飞来峰构造特征及成因探讨[D]. 成都:成都理工大学.

卢华复,童火根,邓锡映,等. 1989. 前龙门山前陆盆地推覆构造的类型和成因[J]. 南京大学学报(地球科学),25(4):32-41.

罗志立,龙学明. 1992. 龙门山造山带的崛起和川西前陆盆地的沉降[J]. 四川地质学报,12(1):1-17.

罗志立,宋鸿彪. 1995. C-俯冲带及对中国中西部造山带形成的作用[J]. 石油勘探与开发,22(2):1-7.

罗志立,姚军辉,孙玮,等. 2006. 试解"中国地质百慕大"之谜[J]. 新疆石油地质. 27(1):1-4,14.

罗志立,赵锡奎,刘树根,等. 1994. 龙门山造山带的崛起和四川盆地的形成和演化[M]. 成都:成都科技大学出版社.

罗志立. 1991. 龙门山造山带岩石圈演化的动力学模式[J]. 成都地质学院学报,18(1):1-7.

罗志立. 1998. 四川盆地基底结构的新认识[J]. 成都理工学院学报,25(2):191-200.

马杏垣,索书田. 1984. 论滑覆及岩石圈内多层次滑脱构造[J]. 地质学报,58(3):205-213.

马杏垣. 1989. 重力作用与构造运动[M]. 北京:地震出版社.

马永旺,刘顺. 2003. 龙门山彭灌地区大渔洞-九甸坪-龙溪滑覆体的变形特征及形成. 成都理工大学学报,30(5):462-467.

马托埃 M. 1984. 地壳变形[M]. 张垣,等译. 北京:地质出版社.

尼古拉 A. 1989. 构造地质学原理[M]. 嵇少丞，译. 北京：石油工业出版社.

帕克 R G. 1988. 构造地质学基础[M]. 李东旭，等译. 北京：地质出版社.

潘桂棠，王培生，徐耀荣，等. 1990. 青藏高原新生代构造演化[M]. 北京：地质出版社.

全国地层委员会. 2001. 中国地层指南及中国地层指南说明书[M]. 北京：地质出版社.

任俊杰，徐锡伟，孙鑫喆，等. 2012. 龙门山推覆构造带中段山前断裂晚第四纪活动的地质与地球物理证据[J]. 地球物理学报，55(6)：1929-1941.

石绍清. 1994. 彭县地区飞来峰的特征及形成演化[J]. 成都理工学院学报，21(3)：8-13.

斯行健. 1956. 中国古生物志（总号第 139 册）新甲种第五号——陕北中生代延长层植物群[M]. 北京：科学出版社.

四川省地质局二区测队. 1976. 1∶20 万天全幅[Z].

四川省地质矿产局. 1970. 1∶20 万绵阳幅地质图[Z].

四川省地质矿产局. 1994. 1∶5 万安县幅地质图[Z].

四川省地质矿产局. 1995. 1∶5 万绵竹幅地质图[Z].

四川省地质矿产局. 1995. 1∶5 万清平幅地质图[Z].

四川省地质矿产局. 1996. 大宝山幅、海窝子幅、灌县幅、映秀幅 1∶5 万区域地质调查报告[R].

宋春彦，何利，刘顺. 2009. 龙门山南段飞来峰构造变形及形成演化[J]. 华南地质与矿产，1：51-57.

谭锡斌. 2013. 龙门山推覆构造带新生代热演化历史研究及其对青藏高原东缘隆升机制的约束[J]. 国际地震动态，(10)：44-46.

汤军，赵鹏大，陈建平，等. 2002. 龙门山碧口断块的形成及其空间归位研究[J]. 中国地质，29(3)：286-290.

童崇光，胡受权. 1997. 龙门山山前带北段油气远景评价. 成都理工学院学报，24(2)：1-8.

童崇光. 1992. 四川盆地构造演化与油气聚集[M]. 北京：地质出版社

王二七，孟庆任，陈智梁，等. 2001. 龙门山断裂带印支期左旋走滑运动及其大地构造成因[J]. 地学前缘，8(2)：375-384.

王金琪. 1990. 安县构造运动[J]. 石油与天然气地质，11(3)：223-234.

王金琪. 2003. 龙门山印支运动主幕辨析－再论安县构造运动[J]. 四川地质学报，23(2)：65-69.

王桥. 2010. 汶川地震断裂带科学钻大地电磁研究[D]. 成都：成都理工大学.

王绪本，朱迎堂，赵锡奎，等. 2009. 青藏高原东缘龙门山逆冲构造深部电性结构特征[J]. 地球物理学报，52(2)：564-571.

吴山，林茂柄. 1991. 龙门山唐王寨滑覆构造分析[J]. 成都地质学院学报，18(1)：56-64.

吴山，赵兵，苟宗海，等. 1999. 龙门山中南段构造格局及其形成演化[J]. 矿物岩石 19(3)：82-85.

吴山，赵兵，胡新伟. 1999. 再论龙门山飞来峰[J]. 成都理工学院学报，26(3)：221-224.

吴山. 1998. 龙门山南段大型飞来峰[J]. 矿物岩石，18(s)：61-66.

吴山. 1999. 再论龙门山飞来峰[J]. 矿物岩石，26(3)：222-224.

吴山. 2008. 龙门山巨型滑覆型飞来峰体系与龙门山构造活动性[J]. 成都理工大学学报（自然科学版），35(4)：377-382.

徐开礼. 1989. 构造地质学[M]. 北京：地质出版社.

徐仁，朱家枏，陈晔. 1979. 中国晚三叠世植物群[M]. 北京：地质出版社.

许志琴，侯立玮，王宗秀. 1992. 中国松潘—甘孜造山带的造山过程[M]. 北京：地质出版社.

杨克明，朱彤，何鲤. 2003. 龙门山逆冲推覆带构造特征及勘探潜力分析[J]. 石油实验地质，25(6)：685-700.

俞鸿年. 1986. 构造地质学原理[M]. 北京：地质出版社.

张国伟，董云鹏，赖绍聪，等. 2003. 秦岭—大别造山带南缘勉略构造带与勉略缝合带[J]. 中国科学 D 辑，33(12)，1121-1134.

张国伟，郭安林，姚安平，等. 2004. 中国大陆构造中的西秦岭—松潘大陆构造结[J]. 地学前缘，11 (3)：23-32.

中国石油协会. 1996. 石油技术词典[M]. 北京：石油工业出版社.

周新源. 2002. 前陆盆地油气分布规律[M]. 北京：石油工业出版社.

周自隆. 2001. 龙门山彭州—什邡地区的巨型冰川漂砾[J]. 四川地质学报，21(2)：122-126.

周自隆. 2006. 四川龙门山国家地质公园"飞来峰"成因研究的新进展[J]. 四川地质学报，26(1)：7-9.

朱介寿，蔡学林，曹家敏，等. 2004. 中国及相邻区域岩石圈结构及动力学意义[J]. 成都理工大学学报（自然科学版），31(6)：567-574.

朱介寿. 2008. 汶川地震的岩石圈深部结构与动力学背景[J]. 成都理工大学学报（自然科学版），35(4)：348-356.

朱志澄. 1989. 逆冲推覆构造[M]. 武汉：中国地质大学出版社.

Spencer E W. 1981. 地球构造导论[M]. 朱志澄，等译. 北京：地质出版社.

Ampferer O，Sander B. 1920. Ueber die tektonische Verknüpfung von Kalk-und Zentralalpen [J]. Verh. Geol. St. -A，121-131.

Bemmelen R. 1954. The geophysical contrast between orogenlc and stable areas[J]. Geol. en Mijnbouw IS，326-334.

Boyer S E. 1986. Styles of folding within thrust sheets：examples from the Appalachian and Rocky Mountains of the U. S. A. and Canada[J]. Journal of Structural Geology，8：325-339.

Butler R W H. 1987. Thrust sequences[J]. Journal of the Geological，144：619-634.

Cooper M A. 1981. The internal geometry ofnappes：criteria for models of emplacement[J]. Geological Society，London，Special Publications，9(1)：225-234.

Diesel L U. 1964. 构造地质学[M]. 张文佑，译. 北京：科学出版社.

Haarmann E. 1930. Die Oszillationstheorie：Eine Erklärung der Krustenbewegungen von Erde und Mond [M]. F. Enke.

Heim A，Hübscher J. 1931. Geologie des Rheinfalls[M]. Zu beziehen bei der Naturforschenden Gesellschaft oder bei C. Schoch，Buchh.

Hubbert M K，Rubey W W. 1959. Role of fluid pressure in mechanics of overthrust faulting I. Mechanics of fluid-filled porous solids and its application to overthrust faulting[J]. Geological Society of America Bulletin，70(2)：115-166.

King Robert W. 1997. Geodetic measurement of crustal motion in Southwest China[J]. Geology（Boulder），25(2)：179-182.

Lugeon M，Gagnebin E. 1941. Observations et vues nouvelles sur la géologie des Préalpes romandes[M]. Impr. Commerciale.

McClay K R. 1981. Thrust and nappe tectonics[M]. Boston：St. Louis：lackwell Mosby Book Distributors.

Nye J F. 1985. PhysicalProperties of Crystals：Their Representation by Tensors and Matrices[M]. Oxford：Oxford university press.

Orowan E. 1960. Mechanism of seismic faulting [J]. Geological Society of America Memoirs，79：323-346.

Ramberg H. 1981. Gravity，Deformation，and the Earth's Crust：In theory，Experiments，and Geological Application[M]. New York: Academic Press.

Van Bemmelen R W. 1931. Magma-und Krustenundationen[J]. VI. Nederl. Indisch Natuurwet. Congr. , 645-53.

Wang J Q. 1996. Relationship between tectonic evolution and hydrocarbon in the foreland of the Longmen Mountains[J]. Pergamon. Oxford, United Kingdom: Journal of Southeast Asian Earth Sciences, 13: 3-5, 327-336.

附 图 说 明

1. 红岩子剖面结构图，镜向 30°
2. 高川飞仙关组中的波痕，镜向 SE
3. 卸军门的Ⅰ层飞来峰前缘断裂，镜向 215°
4. 晓坝—茶坪路线上的黄羊坪断裂，镜向 65°
5. 大平山西南的黄羊坪断裂前缘，镜向 80°
6. 大平山西南的黄羊坪断裂前缘，镜向 350°
7. 永安镇西山谷中的黄羊坪断裂下盘背斜，镜向 120°
8. 永安镇西山谷中的黄羊坪断裂中的构造角砾，镜向 NE
9. 清平飞来峰中的缓倾节理　镜向 70°
10. Ⅰ层飞来峰西部芭蕉坪背斜，镜向 S
11. 红岩子的Ⅱ层飞来峰后缘断层及相关褶皱，镜向 NE
12. 焦铺北的晓坝断层，镜向 NE
13. 黄羊坪断裂中的构造角砾，镜向 SW
14. 大坪山背斜，镜向 10°
15. 红岩子的Ⅰ层飞来峰上的辉绿岩脉及褶皱，镜向 NE
16. 二郎庙北西Ⅴ层飞来峰中的破灰岩，镜向 SW
17. 茶坪南Ⅳ层飞来峰中的破灰岩，镜向 SE

附　　图

14

15

16

17

索　引